生活因阅读而精彩

生活因阅读而精彩

华语畅销作品·滋养亿万心灵

人生本过客 何必千千结

豁达一生的12味心药

韦渡 编著

中国華僑出版社

图书在版编目(CIP)数据

人生本过客,何必千千结:豁达一生的12味心药 / 韦渡编著. —北京:中国华侨出版社,2013.1

ISBN 978-7-5113-3163-2

Ⅰ.①人… Ⅱ.①韦… Ⅲ.①人生哲学-通俗读物 Ⅳ.①B821-49

中国版本图书馆 CIP 数据核字(2012)第310628号

人生本过客,何必千千结:豁达一生的 12 味心药

编　　著 / 韦　渡
责任编辑 / 筱　雁
责任校对 / 李向荣
经　　销 / 新华书店
开　　本 / 787×1092 毫米　1/16 开　印张/18　字数/300 千字
印　　刷 / 北京建泰印刷有限公司
版　　次 / 2013 年 3 月第 1 版　2013 年 3 月第 1 次印刷
书　　号 / ISBN 978-7-5113-3163-2
定　　价 / 32.00 元

中国华侨出版社　北京市朝阳区静安里 26 号通成达大厦 3 层　邮编:100028
法律顾问:陈鹰律师事务所
编辑部:(010)64443056　　64443979
发行部:(010)64443051　　传真:(010)64439708
网址:www.oveaschin.com
E-mail:oveaschin@sina.com

前言

Preface

漫漫人生路，匆匆数十载。有人春风得意，豪言不枉此生；有人碌碌无为，叹息时光易逝；有人穷困潦倒，愁言人生惨淡；有人壮志未酬，抱怨人生苦短。苦苦纠缠之人，苦称人生皆苦，大彻大悟之人，笑言人生似梦。其实，人生之路，对于世人，只不过是一段时光的长度而已。而世人，对于人生，也只不过是一位过客而已。

人生本过客。我们从人生经过，把生命中的点点滴滴都镶刻在人生这个或短或长的画框里。无论我们刻在画框里的图案是七彩斑斓，还是灰暗一片，终究是我们亲自执笔勾画的人生。而我们，这些凡尘中的世人，却总是会苦苦挣扎在某一笔或斑斓或灰暗的笔画里。那些苦苦挣扎的情绪让我们忘了，这一笔无论多么繁华绚烂，也无论多么痛苦挣扎，我们仅仅只是个过客。要知道，这一笔终将成型，而我们所有的不遗余力，所有的费尽心机，也只不过是一场徒劳无功的自我折磨而已。

其实，我们静心想想，即使我们的人生是苦海，我们也不过是浅行的过客，又何必苦苦纠缠，自寻烦恼呢?人生在世，不过百年。那些是非恩怨终究会过去，那些爱恨情仇也终究会化为烟云。功名利禄不过是人生浮华，利益得失到头来终会成空。而最后，我们所能得到的，也不过仅仅是一个过程，一种情绪而已。所以，凡尘中的我们，莫要在人生的繁华中迷失了自己，莫要为了那些凡尘琐事而纠结痛苦，更莫要太过在意那些恩怨得失。

本书立足于现实生活中的一些小细节，解读了很多的人生大智慧。它会让我们在凡尘种种纠葛之中，看到人生的本质。让我们明白人生对于我们不过是一段长度，而我们在这个有限的长度里，所要做到的，只不过是成为一个最潇洒的过客而已。

要知道，人生本有千千结，潇潇洒洒最快乐。我们在凡尘中行走，痛苦纠葛、欢乐悲喜时时扰乱我们的脚步。睿智的人，千万不要停下你前进的脚步。在人生这个长度里，我们要活出最洒脱的自己。花开花落之时，我们可以豁达面对人生荣辱。云卷云舒之间，我们能坦然应对人生离合。大喜大悲之中，我们可以做到安然若素。

要明白，世间万物皆有因，豁达坦然最风情。我们不能改变人生的长度，我们不能永远停留在人生的某一笔。人生的那些过眼烟云，我们已无从改变，不如一笑而过。而前面的路，我们也无法预料祸福吉凶，不如坦然前行，学会随缘、学会珍惜、学会宽容、学会善待、学会从容、学会放下……

目录

CONTENTS

第1味 随缘：花随风，爱随缘

如果，不能美好的把一切留下，那么，好吧，放你自由。也许，会这样悄悄地失去所有，可是，心却在此刻安静如怡。随，随了缘，随了心，随了命运，也是随了人生中最洒脱的一个选择。

第2味 珍惜：不懂珍惜的人永远不会幸福

我们总是喜欢镜中的花，水中的月，因为美好。但当我们伸手，想要抓住时，美好就会碎了。很多人，很多事，很多爱，虽然美好，却难以企及。很多人，很多事，很多爱，不够完美，却触手可及。难以企及的是奢望，触手可及的是幸福，所以，请珍惜这些触手可及的幸福吧！

第3味 淡然：嫉妒别人的光鲜，阴暗的是自己的心

淡，是一种很轻的味道，因为轻，所以不会太甜不会太辣。淡然，是一种更轻的人生态度，因为轻，所以，不会太喧闹不会太寂寞。即使过尽人生繁华，依旧能淡淡的笑；即使尝遍人间苦痛，依旧能欣然地转身，微笑前行。

第4味 达观：问心无愧就好，于世无憾就行

人生的画册里都有一个口子，有的人只看见了这个口子，他们叹息道：“多么可惜啊！有一个口子！”有的人也看见了这个口子，可是他们却笑着说道：“啊，真美啊！有口子的人生真美啊！”要知道，真正美好不是人生，是人心。

第5味 喜乐：看花开赏岁月，让忧愁去漂流

如果，花开了一定会凋谢，那就把落红静静地埋葬。如果，风停了，梦就会醒，那就悄悄记住梦的味道。如果，我们已经落了泪，却依旧悲伤，那么，就微笑吧。让悲伤插上翅膀去流浪，让快乐驻扎在空荡的心房。

第6味 安然：学会向生命的每一个方向微笑

日升月落，我们留不住那片残阳，就去迎接那份月光的朦胧。花开花败，我们画不出那样的繁花似锦，就去勾勒另一种落英缤纷。如果，我们只不过是人生的匆匆过客，那么请赐予我一份安然，让我面朝大海，春暖花开。

第7味 惜年：往事悠悠何处说，水月一梦尽繁华

时光，静静地流淌，从指间滑落。我想让它停下来，它却跑得更快了。我赶紧追上去，想抓住它，可是它却跑得更远了。我们留不住时光，留不住年华，除了好好珍惜它，我们还能做些什么呢？

第8味 宽怀：笑看荣辱沉浮，静观对错得失

如果仇恨，只为了痛苦，为什么不宽恕？如果生气，只会更难过，为什么不原谅？如果，执著只会越陷越深，为什么不放开？如果每颗心都有一个最温暖的领地，那么它一定会在宽容的地方。如果，你到了那个地方，你的心便会如同一朵盛开的莲，美丽而静好。

第9味 放下：岁岁枝头杨柳青，不问人间沉浮心

我们紧紧握住手里的沙，沙慢慢地漏掉，我们把沙放在沙地里，沙越来越多。很多时候，最美的一个动作不是拿起来，而是放下。沙本来就属于沙地，握在我们手里，握的越紧，失去的越多。当我们坦然放下时，沙找到自己的归属，我们也会看到属于自己的领地。

第10味 从容：花自从容开，人间有正道

佛曰“人生于尘土，必归于尘土。”凡尘中的人们，之于宇宙，不过是沧海一粟。渺小的我们，不能度量出人生的长度，更不能随意改变自己的人生。我们所能做到的只是拿出一种气度，一种从容前行的气度，行到水穷处，坐看云起时。

第11味 度己：生活已经够累，何苦为难自己

人生，有时候只是一个淘气的孩子。如果它难为了你，你千万不要难为自己。你要微笑着牵起它的小手，给它宽容，给它淡然，给它从容。当你能够坦然面对它的各种为难时，你要相信，人生前方的路，即使险恶，也会繁花丛生。

第12味 接受：事不要求全，人要能看破

人生给你苦痛，你说：“不要！”人生给你贫穷，你说：“不要！”人生给你悲伤，你说：“不要！”人生叹息道：“亲爱的人们啊，如果都不要的话，那么快乐、富有、幸福也就随之消失了。”很多时候，如果我们不能学会接受，那么我们不仅不会得到，还会失去的更多。

第1味　随缘：花随风，爱随缘

如果，不能美好的把一切留下，那么，好吧，放你自由。也许，会这样悄悄地失去所有，可是，心却在此刻安静如怡。随，随了缘，随了心，随了命运，也是随了人生中最洒脱的一个选择。

缘分，强求不来

从前，有个书生在进京赶考前与他的未婚妻约好，等他回来后他们就立马结婚。

几个月过去了，当书生从京城赶考回来时，他的未婚妻已经嫁给了别人。书生很受打击，心里难过极了，从此就一病不起。一天，来了一位僧人，他说自己可以治好书生的病，书生就让那个僧人进了家门。

这位僧人没有给书生把脉、开药方，而是从自己怀中拿出一面镜子给他看。只见镜中出现一片茫茫大海，有一名女子一丝不挂地躺在海滩上，旁边路过了许多人，但是这些人都只是匆匆看一眼，就连忙走开了。这时路过一个人，他将自己的衣服脱下来，给女尸盖上后走开了。一会儿，又经过一个人，他走过去挖了一个坑，然后小心翼翼地将尸体掩埋了。

书生十分惊愕，那僧人却对书生解释道："那具海滩上的女尸，就是你未婚妻的前世，你是那个路过给她盖衣服的人，因此她今生有缘与你相恋，只是为了还你一个人情。但是，她最终要报答一生一世的人是前世那个将她掩埋的人，也就是她现在的丈夫。

书生随即大悟。

佛说：前世五百次的回头，才换来今生的一次相逢。大千世界，茫茫人海，两个原本并不认识的人却在某一特定时间、特定地点相遇，然后相知，直至相爱，这就是我们常说的缘分。

正所谓有缘千里来相会，无缘对面不相识。是缘分让我们走到了一起，也是缘分让我们避开了不该认识的人。在看了这个故事，我们也许多少会感到一些释然。的确，有些东西注定是不属于你的，那又何必要苦苦与命运去抗争呢？人与人之间能够相遇相知，直至相爱，是一种必然，也是一种偶然。冥冥之中，总会有一个人在下一个未知的地方等待着你，而你也会在某个时间来到这个地方，同他（她）相遇、牵手。一切顺理成章，一切浑然天成，因为这就是缘分。

缘分这东西是很奇妙，也很让人难以琢磨的，当我们并不在意时，它已经悄然来到身边，拉开了我们感情生活的帷幕。其实，如果缘分真的来到了，那无论怎样都不会改变结果，可若缘分不足，再怎么努力也将是徒劳。

有一个年轻女孩从二十多层高的楼上跳下身亡。她和一个男人恋爱5年，结婚3年。男人比女孩要小3岁，当初那女孩省吃俭用，花光了自己所有的积蓄供男人读书，然后一直等到他毕业参加工作。可当女孩憧憬着要和这个男人生个可爱的小孩再幸福地过完这一辈子时，男人却突然对她说，自己爱上了别的女人，想要离婚。在多次想要挽回这段婚姻可都没有结果的情况下，女孩走上了不归路。

为了一段不完美的感情，一个不忠诚的丈夫，一个卑劣的第三者，这个不到30岁的女孩就这样轻易放弃了自己理应灿烂的生命。

为了这样一份爱情、为了这样的一个人，值得吗？在生活中，我们总能听说一个人省吃俭用供养另一个人，另一个人却移情别恋，无情地抛弃了深爱他、为他历尽千辛万苦的那一个人。人们指责花心的人，除此之外再别无他法，爱情毕竟是两个人的事，旁人的指责又有什么用呢？

而被抛弃的人有的自暴自弃，有的却能够坚强地站起来，说一句缘分已尽，不必强求。

爱是一种无私的情感，爱对方的时候经常忘记自己，这是爱情的常态。现在有越来越多的人通过自身经历告诉我们：爱对方的同时，一定要记得爱护自己，因为真正爱你的人，欣赏你的为人，尊重你的个性，希望你更加幸福，一旦你为了对方将自己变为另一个人，很可能就是对方厌倦你的开始。

一个会爱自己的人，即使经历分手也不会否定自己，因为知道自己努力过，付出过，即使缘分到了尽头。

"毕业那天说分手"，是大学爱情中经常面临的挑战，因为前程的不同，选择城市的不同，继续读书与就业的不同，大学时恩恩爱爱的情侣都会忍痛与另一半分手。

安安就是一个在毕业时向男朋友提出分手的女孩，她和男朋友相恋三年，感情深厚，但是，她发现自己和男朋友并不适合走入婚姻，因为她和男朋友都是恋家的人，他们一个来自南方，一个来自北方，都舍不得离父母太远，而且各自的家庭都有很好的人脉，可以为他们安排好的工作，他们都很犹豫要不要为了一份爱情放弃家庭和前途。

安安认为，既然两个人都在犹豫，说明他们的感情没能深厚到为了对方放弃一切的地步，那么牺牲一个人成全另一个，总会有一个人都觉得不甘心，那么不如及早分开。

分手后，安安经历了一段很难捱的日子，终于在两年以后走出低谷。又过了一年，安安认识了现在的老公，很快结婚，生活幸福，这时她听说以前的男朋友也刚刚结婚。他们分手后第一次通电话联系对方，发现对方现在很幸福，很满足，他们并不后悔大学时爱过对方，也不后悔毕业时说了分手，他们只是缘分不够，幸好，两个人没有强求，理智地分开，终于找到了各自的幸福。

大学毕业时，安安和男朋友为前途分开，三年后，他们各自找到了属于自己的幸福，当再次联系对方时，他们听到了对方一切安好的消息，觉得心中很安详、很幸福，为对方也为自己。比起婚姻，这样的结束固然不够圆满，但又何尝不是一种坦然的美丽。

人生舞台上，我们每个人都是大戏里的主角，每个人都不可能把自己的角色演到极致而不留一丝遗憾。没有遗憾的人生也不是完整的人生。放下过去，还给彼此自由，让彼此生活得更好，这才是真正一段完美的感情。所以，当我们被感情缠绕得心力交瘁的时候，一定要告诉自己：缘分，不可强求；来之欣然，失之淡然。只有放下，才能重获快乐和自由。

错过了，就放过

《乱世佳人》里，斯嘉丽狂热地爱上了阿希礼。每次遇到阿希礼，她都恨不得把自己全部的热情都倾注到他的身上，她大胆地向阿希礼表达了自己的爱慕。

阿希礼虽然承认斯嘉丽很吸引人，但他觉得玫兰妮更加适合自己，于是和玫兰妮结婚了。

然而，斯嘉丽对阿希礼的爱恋却并没有因为他的结婚而有丝毫的减弱，还依然那么执著。由于她对阿希礼那狂热的爱，以至于她漠视了白瑞德对自己的爱。尽管他们后来结婚了，尽管白瑞德一直深深地爱着她，可她始终感觉不到丝毫的幸福，也从未对白瑞德付出真爱。

直到有一天，白瑞德永远地离开了她，此时的斯嘉丽才突然发现：自己最爱的人居然是白瑞德，而阿希礼却是那么的无足轻重。但是，一切都已经晚了。

很多时候，我们总是自觉不自觉地把得不到的东西当成至宝，却把容易得到的当成理所当然而不加珍惜；结果一错再错，错过更多。

所以，错过了，就一定要坚定地放过。与不爱的人相忘于江湖，才能有机会与相爱的人相濡以沫。

不管我们是否愿意承认，是否愿意接受，错过的一切就如同逝去的时光一样，是怎么也无法找回的。而人生中最令人惋惜的莫过于，因为错过了一棵树，而失去了整片森林；因为摘不到一颗星星，而放弃了整片天空。等年华不再才发现，因为错过一次，所以错过了所有。

如果那个人能与你相濡以沫，一生只爱一个人，那是人生中最大的完满。但是，如若一生只爱一个永远得不到的人，那只是一种激烈的偏执。等我们获得真正属于自己的幸福之后，自然会明白以前的放弃其实是一种更好的得到。

痛过了，才会懂得如何保护自己；傻过了，才会懂得适时地坚持与放弃。

这是一位离婚女士写的博客。

“你现在做什么呢？是不是已经结婚了，很快乐地过着自己的日子？我想了无数次要离开这里，离开这个伤心之地。但是我还有自己的责任，我必须挺住，直到最后一刻，直到佛陀召唤我的时候。多么希望那一刻早些到来，我可以微笑地走到另一个世界，微笑地看着你。能够每天看着你幸福地生活，我就心满意足了。

可是对于现在发生的一切，我没有一点挽回的办法，我的心在哭泣、在流血。佛陀，你愿意帮助我吗？我愿意付出一切，来实现自己那平凡的心愿，哪怕下辈子受苦……”

这是一位有过三年婚姻，最后被婚姻背叛的女性写下的一番刻骨的话语。三年里，没有见过她的笑脸。而她也不能听到悲伤的情歌和与上段婚姻相关的词语。她说：“无论是闭上眼睛还是睁着眼睛，事情就好像发生在昨天，怎么也抹不去。”

就因为她始终走不出悲伤的情绪，让一段原本可以开始的崭新爱情在有可能来到的幸福面前戛然止步。

爱上她的是一个没有婚姻经历的小伙子。因工作接触，爱上了她的温柔和善良。

交往了一年后，小伙子向她提出回家见见父母，把婚事定下来。她却犹豫不决，虽然最后同意了，但那一天她还是失约没有出现。

最后，小伙子只好黯然离开。

人的一生难免有伤痛，怎么能够因为一场失败的婚姻而损毁了自己一生的幸福呢。如果失去了，那就好好去调整心态，让自己胸襟豁达起来，勇敢去面对现实，然后更加努力珍惜现在所拥有的。要是为一时的失去而耿耿于怀、不能自拔，那就永远走不出“失”的阴影，也看不到“得”的希望，快乐与幸福自然永远与我们无缘。

生活就像一条向前流淌的河流，从不回头。错过了，失去了，就一定要坚定地放过。不管过去的一切多么痛苦，都将它们抛到九霄云外去吧。不要让担忧、恐惧、焦虑和遗憾消耗我们的精力。面对已经失去的，从容而淡然地接受，然后，真实、勇敢、快乐地开始我们接下来崭新的生活。

错过也是一种美丽

一个青年男子在熙熙攘攘的人群中看到了一个身材婀娜的女子，尽管与对方相隔甚远，但女子的倩影依然能令他怦然心动。于是，他便拼了命地挤到这个背影的身边，希望能好好地一睹对方的芳容，并找个机会与对方搭讪一下。

但是，当他走近看到这个女子的真实容颜时，不禁大失所望。她脸上长满了青春痘，而且眼睛也不像他想象的那么明亮、有神……这与自己所设想的“正面”简直就是天壤之别！他逃也似的离开了，原本准备好的搭讪的话也咽到了肚子里。

后来，这个青年为自己的行为懊悔不已，自己的好奇心破坏了心中的那幅“美景”。

如果青年能够抑制住自己的好奇心，在心里珍藏住眼前的“背影”，不急于去看清对方的真实面目，可能就不会受到如此的“打击”了。与其这样，还不如错过，错过还可以在自己心中保留一份完美的想象，而抓住了，反而让自己得到了满腹的失望。

这就是人生，当你对眼前自认为美好的事物想象着它的真实面目时，一旦你看到它完全相反的本真时，自己的心灵就会受到沉重的打击。所以说，错过有错过的美丽，错过并不意味着失去，而是意味着你可以保留对它的完美想象，而不是见到本真的失望。

萧剑是一个事业有成的男人，而丽丽则是一个普通的“上班族”。

一天，突然下起了瓢泼大雨，丽丽忘了带伞。她只好无奈地站在公交站牌下等车。雨下个不停，丽丽等的公交车始终没有来。眼看着站台上的人一个又一个地上车离去了，丽丽顿时很懊恼自己今天为什么如此的粗心。

萧剑开着自己的车子在雨中行驶，他开得不是很快，他喜欢下雨，喜欢看雨中的一切，忽然一个靓丽的身影映入眼帘。在公交车站台上站着一个女孩，个子虽不高但长得很有气质，雨水淋湿了她额前的秀发，萧剑看着看着竟不由自主地放慢了车速，最后就停靠在车站的路边。

一辆又一辆的公交车来了又走，女孩依然在车站等待。“也许是她等的车还没来吧！”萧剑这样想。其实眼前的丽丽很让萧剑动心，雨中的她显得那么纯净自然，就像一朵刚刚盛开的白玉兰，纯净得让人忍不住多看几眼。

萧剑就这么看着，他不知道自己能不能邀她上车，然后送她回家，因为他们素不相识，即使他邀请了她，她也未必会答应。

雨就这么下着，萧剑就这么看着，丽丽也就这么等着。

终于，丽丽的车来了，她上车走了。萧剑看着她上了公交车，看着她在公交车里寻找座位，他忽然觉得自己很失落。是因为她吗？他们并不相识，可是为什么自己不开车呢？难道自己真的喜欢上了一个素昧平生的女孩？萧剑摇了摇头，发动了车子。

就这样，萧剑和丽丽继续着自己的生活，丽丽并不知道那天有一个人在注视着他，并不知道当时的她在别人的心海里激起了层层涟漪。

萧剑曾后悔自己没有走出车子，假如当初他走出了车子，也许他现在就知道她是谁了。可这都是假如。萧剑独自笑了笑，其实错过了也好，虽然错过了，但在他的心里留下了美好的回忆，这也是一件美事，何况自己真的邀请她上车，她也未必会同意。与其遭到拒绝，不如就这样错过，错过并不代表失去，更何况自己并没有得到她，哪来的失去呢？

人的一生总要错过很多，错过之后总会有人在遗憾、后悔，殊不知错过有错过的美丽。也许正是你的错过，才成就了如今的完美。

生活中总有太多的错过，几多忧愁，几多相思。当我们停留在错过的遗憾间时，许多更加美好的事物和回忆将与我们擦肩而过。也许那些在不经意间错过的才是最美好的，如果我们只会停留在眼前错过的伤感中，那么我们会错过更多。

人们总喜欢把错过和失去当成是人世间最遗憾的事情，为什么不把错过看做人生最美的邂逅呢？凭着自己对未来的憧憬，告诫自己努力前行，在每一个相思的日子里，在每一个翘首以待的时刻，幸福地过着今生的分分秒秒，这样的错过也是人生一道美丽的风景。这一次的错过也许是下次邂逅的开始，错过并不意味着失去，而是意味着更完美的开始。

转身之后，彼岸就在脚下

在《爱情呼叫转移》的续集《爱情左灯右行》中，女主人公聂冰是一个30岁的电视节目主持人，独立而不失优雅。

在现代都市的水泥丛林中，聂冰在爱情和婚姻中迷失了方向，不知道什么样的男人才是自己的白马王子。最后，在天使的帮助下，终于找到了自己的真爱——原来爱人其实一直就在身边，只不过自己从来不曾发现而已。

影片以其夸张讽喻的手法揭示了人物的内心，表达了社会各个阶层的人物，从律师到医生、从大款到艺术家，每一类人的爱情观都不同。要清楚自己真正需要和适合什么样的爱情，在和他们都接触之后，聂冰才发现，原来真爱就是一种简单，一份执著，一颗真心；不掺杂世俗的物质功利，这才是自己想要的。而且，最值得珍惜的人其实一直就在自己身边，而自己却花费了很多时间和精力去别处寻找。

当一个人孤单落寞时，转身却望见阑珊处的他，心里的幸福或许会像春天里疯长的花藤枝蔓一样。遇见爱，如此简单，又如此难得。唯有彼此珍惜，相持相携，才是岁月里最美的风景。

人生总是很奇怪，每天，我们总是在熙熙攘攘的人群中擦肩而过，谁也难以预料自己会在什么时候遇见什么样的人。也许，在我们曾经年少时，也会偶尔留意从身旁匆忙走过的人，幻想着如果在街上相遇也是一种缘分。然后在阳光下笑自己太傻太天真，怎能去幻想这样美好又浪漫的相遇。

“东风夜放花千树，更吹落星如雨。宝马雕车香满路，凤箫声动，玉壶光转，一夜鱼龙舞。蛾儿雪柳黄金缕，笑语盈盈暗香去。众里寻他千百度，蓦然回首，那人却在，灯火阑珊处。”辛弃疾的一首《青玉案·元夕》，让古今多少痴情人信而往之。

当一份心仪已久的感情出现在你面前时，那就请你用心去拥有吧！人生又能有几次这样的心动？不是每一次回首，都能看见有人在那灯火阑珊处立而等待的。一旦发现了，就该去珍惜和爱护，彼岸的幸福其实就在脚下；天涯，亦咫尺。

有一对年轻的情侣，彼此交往了很长时间，女孩却一直没有非常肯定地答应男孩嫁给他。男孩对女孩疼爱有加，却从未在女孩面前流过眼泪。女孩一直听别人说：只有肯为你流泪的那个男人才是真正爱你的。所以，女孩对他们之间的爱一直没有十足的信心。

有时，女孩也会娇嗲嗲地问男孩，他究竟什么时候才能够为自己哭一次。男孩说：“傻瓜，别试着想看见我的泪，真有那么一天，也许就会有非常悲痛的事情发生。”他懂她的小心眼，却又忍不住笑她的纯真。

终于有一天，上天给了女孩这样的机会，天使光顾了她的家。

“你真的想看见他的眼泪吗？”天使问女孩。

“能有办法吗？”女孩十分好奇。

“可以，不过你会消失几天。”

“我上哪儿去了呢？”女孩不解。

“你会变成空气中的水，但能时刻陪着他、看着他。你愿意吗？”

女孩毫不犹豫地答应了天使，她瞬间变成了空气中的水，一切变得新鲜。她先去了男孩的家，想看看他现在在干什么。停靠在男孩房前的窗户上，她看见他正在辛勤地工作：计算数据，制作图表，忙得不亦说乎。

忽然他走到了电话机前。女孩想起，每天晚上10点钟，他们都会通个电话。

他打不通电话会怎么样呢？女孩愈发好奇，瞪大了眼睛。

果然，男孩拨了好多次都没人回应。这么早就睡了？那让她睡个好觉吧，男人嘴角浮现出温柔的笑容。女孩却有点失望：他为什么不着急呢？

第二天，男孩准时上班下班，忙碌了一天。回到家后，马上又给女孩打了个电话，仍然无人应答。

他开始不停地打电话，打给了所有认识他们的朋友和亲戚，没有人知道女孩去了哪里。男孩似乎有点着急了，在房间里走来走去，女孩却在窗口有些幸灾乐祸。

男孩穿起外套，甩门而出，她连忙紧随其后。他先来到了女孩的家，大门紧闭。邻居说昨天晚上就没见到她。女孩父母的家中，两个老人以为他们俩在一起，看着二老鬓角斑白，他不忍告诉老人她失踪了。看着男孩眼角的焦急，她有点后悔了。

整个晚上，男孩没有睡觉，他找遍了所有他们约会过的地方，到处都有她的身影，可又到处找不到她。

一夜的奔波让他憔悴了一大圈，连一向整洁、被他引以为豪的下巴也长出了胡子。他累了，瘫倒在沙发上。

女孩忍不住想摸摸他的胡子茬，想给他盖条被子。可她只是空气中的水啊！她想对天使说，我不想看见他的泪了，让我回到人间吧！可天使没有再光顾她的家。

第三天，男孩依然要上班，可是他眼里没有了以前的光彩，走路时会突然转过身好像要找什么。她以为男孩发现了自己，可她只是透明的水汽啊，她只能笑自己的纯真。

男孩下班后不再直接回家，而是来到了他们约会的老地方，那儿有棵老梧桐树。他坐在梧桐树下的座椅上，显得是那么孤单。他好像在想些什么，在等些什么。

第四天，男孩又来到了这里，并带来了一块小玻璃石，里面还有一艘小帆船。他不发一言，只是呆呆地望着玻璃石。女孩想起，他们说好以后要一起出海旅行。

第五天，男孩没有来。女孩在他的床上找到了他，他在睡觉。看着他苍白无神的脸，她心痛至极。这时才越来越感受到男孩对自己的爱。不禁在心里大声呼唤：天使，你归来吧！

第六天，男孩把玻璃石扔进了大海，让他的心一起沉入了大海。她一阵心酸，天使，让我变回人吧！

天使终于来到了她身边："太晚了，你马上就要离开这世界，和他吻别吧！"

她的泪瞬间落了下来。一周的消失就让他如此憔悴，要是自己真的不在了，他该怎么办？

女孩吻了吻男孩的唇，发现他的唇上有了一滴泪，那就是自己。

原来，男孩的眼泪就是她！

她拼命叫喊着：不，我不要离开……

还好，这只是一个梦。女孩在庆幸的同时告诉自己，再也不要看见男孩的眼泪了。

第二天，她提出要和男孩结婚。

在爱情的道路上，一味地向前走，以为幸福就在前方。殊不知，在身后的某个地方，有个人，一直在原点等着自己，默默地守候。幸福的彼岸，或许就在脚下。当我们环顾四周时，猛然低头一看，会发现真爱就在那里，简单得我们几乎认为自己从来不曾拥有。

其实，我们需要的，只是简单地聆听内心的声音，跟着感觉走，就会发现原来爱情一直都在灯火阑珊处。

爱情，是两个人的事

奥地利作家茨威格的小说《一个陌生女人的来信》里，有这样一个小女孩，她从小就喜欢住在同一楼上的一位作家。她认为这个男人十分英俊迷人，让她无法自拔。然而，男人是个风流的人，小女孩想不到如何才能独占这个比自己年长的男人，只能一直默默地暗恋。

后来，小女孩长成了大女孩，她鼓起勇气想和这个作家来往，哪怕仅仅是一夜情的关系，甚至还偷偷地为作家生了一个孩子。但是，她一直没有将自己的爱情告诉作家，作家甚至不知道她的存在。

临终前，她给作家写了一封信，详细地叙述了这么多年对作家的单恋，作家知道后十分感动。但是，他根本想不起这个女人究竟是谁，女人也没有给他留下任何寻找线索。

世界上最痛苦的是暗恋，所有的感情对方都不能体会，所有的奉献对方都没有察觉，所有的心血对方都不了解。一个人一味付出，另一个人不闻不问。巨大的失衡给人带来的永远是折磨多过愉悦，艰难多过享受

很多年前，许茹芸的一首《独角戏》唱出了暗恋者和单恋者的心态：

“是谁导演这场戏，在这孤单角色里，对白都是自言自语，对手都是回忆，看不出什么结局。”无论是单恋还是暗恋，都是自怜的、悲伤的，那本不是爱情的常态。

简，爱上了托克，托克却已经是一个有了家室的男子。但简却陷得很深，她不肯放手，苦苦追求着这份根本遥不可及的爱情。

托克深爱着自己的家庭和妻子，他不能接受简的这份痴情，却不懂得如何才能让简彻底死心。两个人，一个在拼命逃，一个在死命追，就这样过去了整整十年。

十年后的简，如花的容颜已经凋谢，而托克也因为简的苦苦纠缠而整整痛苦了十年。有一天，他们终于心平气和地坐在了下来。

“简，这十年，我真的很痛苦……”托克哀求道。

“痛苦？我为了你付出了一切，难道只是让你痛苦……”简喃喃自语。

“正是因为你付出得太多了……越多我就越是感到痛苦……”托克已经不堪重负。

“十年……我整整十年……我付出了这么多，你爱过我吗？”

“简，对不起……”

十年，简听了无数次这样的结果，这一次却突然冷静下来。是啊，十年，整整十年，自己用十年的时间爱了一个从来没有爱过自己的人，这就是自己选择的人生啊！

美好的爱情应该是两个人的事，是两个人一起度过的日子，是两个人一起欣赏的风景，是两个人心心相印、齐心协力地朝着共同的目标前进。我国从古代就有“执子之手，与子偕老”这样的诗句，单恋者牵不到爱人的手，只能孑然一身走在人生道路上，这是太过偏执的结果。当别人成双入对，你一个人形只影单时，你怎么能有幸福?

每个人在内心深处都希望别人多为自己付出，但在两个人的爱情中，一旦一方付出太多，一方接受太多，反倒会造成两个人同时失去轻松的心情，一个在经年累月的奉献中感到厌倦，一个在长久的承担中想要逃避，这时候爱情不再是一件美好的事，而是成为一种沉重的负担。全心全意的付出收回的不是感动，而是怨怼。

每架天平都有一个重心，天平两边同时增加砝码，它才能保持平衡，一旦失衡，重心就会偏移。爱情是两个人的事，相互的给予才能维持心理和实际上的平衡，失衡的事物会偏离中心，这就是单恋者不幸福的原因。

徐志摩说：“我将于茫茫人海寻找唯一之灵魂伴侣，得之，我幸；不得，我命。”与其迷恋一个并不爱自己的人，不如放开执念，去寻找真正的灵魂伴侣。爱情是双人戏，不能一个人演，真正爱一个人，就要当走在他身边的人，而不是一个跟在他身后的影子。

我们的爱已经落幕

离婚后，英经常想起前夫枫。在一起的时候，他们因为鸡毛蒜皮的小事总是争吵不休，动辄上升到原则高度，谁也不肯让着谁。分开以后，英才发现枫其实有着许许多多别人没有的优点。

为了能够忘记枫，英迅速地交了新的男朋友，很快就到了谈婚论嫁的程度。可是，这个时候英却突然发现，自己爱的人始终是枫。于是她拒绝了新男友的求婚，想要回头找枫，但此时枫也有了新的女朋友，并且两个人很恩爱。

于是，英一下陷入痛苦之中，她的女友开导她说："你仔细想想，复合了又怎么样？你能为他改变你的性格吗？他又能为你改变吗？你们谁也不会为对方改变所以才会分手，就算复合最后结果也还是会一样。放开了就放开了，要努力去寻找更加适合你的人。"

英此时才明白，两个人的爱情只有一次，一旦分开，就是覆水难收。

故事已经结束，我们的爱已经落幕，又何必要苦苦挣扎在过去呢？要知道，有些感情不是不美，而是不合适，即使勉强走到一起，也不会长远。

当一份爱情走到尽头，分手就成了必然。过了期的感情即使回收，也不会再是原来的滋味。有时候人们想要的并不是那个人，而是当初的激情，但激情一旦冷却，就如死灰不能复燃，复合也就成了一种强求。

所以，既然决定分手了，那就按照自己的选择走下去，不要回头也不要后悔。因为后悔只是给遗憾加了一个尾巴，延长的不是幸福，而是错误。

陈刚从小学就喜欢同学燕子，高中的时候，燕子终于成了他的女朋友。可在大学快毕业时，他们分手了，陈刚认为自己再也不会遇到一个自己如此喜欢的女孩了，他希望燕子能够回头，为此不懈努力，可是燕子坚持两个人之间已经结束了，劝他不要再对自己执著。

陈刚的努力持续了三四年，身边的朋友总是劝他："天涯何处无芳草，何不再找一个更好的女孩。"但陈刚仍然执迷不悟。

又过了一年，朋友们突然收到了陈刚寄来的结婚请帖，意外的是，新娘的名字并不是燕子。面对朋友们的询问，陈刚说："没有缘分就是没有缘分，放下，对两个人都轻松，何况我找的这一个更加适合我，现在我才能真正感觉到了爱情的幸福。”

爱情一旦结束，就不可能再重来，越是不能忘怀，就越是痛苦。仔细想想，爱的结束不一定是一件坏事，复合多数时候会让人失望。爱的结束，意味着不合适，意味着难以妥协，不合适的人又何必留恋？

在爱情的领域，遇到了错的人，爱情才会结束，你已经放开了一个错误，何苦再去找回它，再去重复它呢？错的就是错的，不论怎样修改，都不会尽如人意，不会成为正确答案，还不如尽快去找对的那一个。

俗语说：“天涯何处无芳草。”这句话并不是说一个人应该花心，而是提醒一个人不要在一份不属于自己的爱情上迷失，应该移开自己的目光，去寻找那个真正属于自己的人。

有时候，爱只是个美丽的错误

她和男友在一起两年了，这两年来，她过得并不是很幸福。因为男友疑心重，看到有异性打电话给她，就会数落她的不是。如果看到有异性跟她说话，他甚至会因此和她大吵起来。

为了不让男友生气，她删除了所有同学和朋友的联系方式。在生活中，她也从不和男生说话。可是即使如此，男友还总是怀疑她跟其他异性有联系。最后，无论她如何地解释，他都不相信。女孩想了想，既然两个人连这点基本信任都没有，何必还要在一起呢？更何况他们经常吵架，甚至还大打出手过。记得有一次，他喝醉了，把她的脸都打肿了。她一个人跑出了他们住的房子，之后他来找她，说再给他一次机会，说一切都是因为自己太爱她了。虽然她决定再给他一次机会，可是现在的她对这段感情已经没有任何信心了。

有时候，爱只是个美丽的错误，已经错了，就不要继续错下去。要知道，爱是相互付出、相互理解的，两个人在一起最重要的是信任。一个整天把“爱”放在嘴边的人，如果连最起码的信任都没有，做什么事情都不顾及对方的感受的话，那么这种爱就是一种空话，还是不要的好。

爱一个人是没有错误的，如果这种爱错了，那就是你所选择的那个人并不合适你，而他对你的这种爱只会把你伤得更深。不适合的人在一起，总免不了磕磕碰碰，争吵不休。他们固然是相爱的，但相爱简单相处难。

爱情并不仅仅是一时的激情，还有长久的相处。两个人的相处需要相互磨合，一旦磨合失败，在一起就会变成双方的痛苦。甚至到了最后，连最初的激情都会被磨平，两个人成为怨偶。既然明明已经知道错了，为何不好好地爱惜自己，果断地把这份爱放下呢？

高迪是上海一家金融公司的高层员工，从业十年，她的职位越来越高，感情也从稚嫩走向成熟。高迪毕业于上海某大学金融系，在进入这家公司后，她的上级就对她照顾有加，让独自居住在大都市、没有什么朋友的高迪感到十分温暖。再后来，她和这位上级成了恋人。

一年后高迪才知道，原来上级是有夫人和孩子的，他们都定居在国外，上级是总公司派到分公司来工作的，只能在上海做五年左右的时间。上级表示，为了高迪，他会尽量延长在上海工作的时间，即使他以后调回总公司，他也能每个月、甚至每星期回来与高迪相聚。这样的关系他们持续了将近两年，高迪为这种关系感到很痛苦，可又无法割舍这段爱情。

一次，高迪回到家乡和父母团聚，父母开心地请了一大家子的亲戚。高迪发现，自己的那些表妹表弟们基本都结了婚，一对一对都十分恩恩爱爱。当长辈们问起她的终身问题时，高迪只是苦笑了一下，说自己还没有考虑。

回到上海后，高迪立马切断了和那个上级的一切联系，她知道自己想要的爱人，应该随时随地都能陪在自己身边，既然自己找错了，那就应该以最快的速度改掉这个错误。

在现代社会，“第三者”是个不容忽视的尴尬角色。有时他们是爱情婚姻的破坏者，为了私人目的搅乱了他人的感情。有的人则是像高迪这样，在不知情的状态下“被小三”，付出的感情不能说收回就收回，好在最后高迪能明智地将这段关系亲手结束。

既然这段感情是错的，那就快点解决掉，然后才能去寻找适当自己的人。有人说，爱情没有好不好，只有合适不合适。因为合适，所以满足，所以安心，找一个合适的人，就是给自己的爱情买了一份终身保险。相反，不合适的人，就像一只孔雀和一只黄莺，都很美丽，却不可能成为幸福的一对。

晓婷有一段时间因为工作上出现了问题，给公司造成了不必要的损失，被老板给开除了。一瞬间，她从写字楼里的高级白领成为了一个没有收入的无业游民，这让她很难以接受。对她打击更大的是，极为世俗的男友也立马离开了她，很快就和另外一个女孩好上了。

遭受了双重打击的晓婷十分痛苦，整天以泪洗面。就在这时，高中同学小伟出现在她的生活里，不断地对她嘘寒问暖，带她去外地旅游散心。很快，晓婷就走出了爱情和事业的阴霾，而小伟也得到了她的爱。

很多朋友都劝晓婷，她和小伟在一起并不合适：第一，文化差距太大。晓婷本科毕业，而小伟只是高中毕业；第二，小伟还没有固定的职业。可是晓婷不管那么多，她觉得小伟对自己那么好，她是无论如何也不会丢下他、拒绝他的。

一年之后，晓婷重返职场。在工作中，晓婷喜欢上了一个叫王华的客户，他们两人在一起谈得很投机，仿佛总有说不完的话。在她的眼中，小伟怎么能和王华相比呢？况且，此时的她早已经走出了爱情失败的阴影，已经不需要小伟这个男人的温情了，所以，她立即投入了王华的怀抱。

当晓婷向小伟提出分手时，小伟露出了他的本来面目，竟然拿着刀子威胁她说："你要是胆敢跟我分手，就有你好看的。"他不但用语言威胁晓婷，还跟踪她。后来，小伟知道了晓婷跟他分手的真正原因后，在王华回家的路上把他狠狠地揍了一顿。如果不是警察及时赶到，差一点就要出人命了。后来，小伟向晓婷索要5万块钱，经过讨价还价后，晓婷给了小伟3万元，才算了结此事。

如果当初晓婷能够认识到，自己只不过因为空虚、寂寞而踏入了一段不适合自己的感情的话，小伟就不可能乘虚而入，更不可能让心爱的人遭毒打。对于不适合自己的人以及感情，我们一定要果断拒绝和放弃，更不要与对方保持暧昧。否则，这段感情不但不会给自己带来幸福和快乐，反而会生出许多麻烦，让自己伤痕累累，甚至一辈子都无法走出阴霾。

要知道，有时候，爱情只是个美丽的错误。抓紧不合适的爱情，就像舍不得放下一双不合脚又很美丽的鞋子，一次次对自己描述这双鞋子的优点，但这双鞋子就算再好，不是穿着太大，就是穿着挤脚，天长日久，穿它的人也会厌烦。

不适合就是不适合，再美丽也和自己无关。面对不适合的爱情，早一点放手，早一点离开，你失去的仅仅是一个不会给你带来更多幸福的人，而你得到却是无数个可能幸福的机会。

第2味 珍惜：不懂珍惜的人永远不会幸福

我们总是喜欢镜中的花，水中的月，因为美好。但当我们伸手，想要抓住时，美好就会碎了。很多人，很多事，很多爱，虽然美好，却难以企及。很多人，很多事，很多爱，不够完美，却触手可及。难以企及的是奢望，触手可及的是幸福，所以，请珍惜这些触手可及的幸福吧！

在一起，就是幸福

我们一起上幼儿园，我对你说：“我爱你。”你眨着水晶般的大眼睛，疑惑地问：“什么意思啊?”

我们一起上大学，我把你叫下楼，对你说：“我爱你”。你把头靠在我的肩上，紧紧地挽住我的手臂，好像下一秒我会消失似的。

结婚后，我对你说：“我爱你。”你笑着说：“你呀！要是真的爱我，下了班，就别到处跑。”

儿子去上大学，离开家的那天晚上，我对你说：“我爱你。”你打着毛线，头也不抬：“真的？假的?”

你60岁时，全家人为你过生日，我说：“我爱你。”你笑着捶了我一拳：“死老头子！孙子都这么大了，还贫嘴!”

你70岁时，我们坐在摇椅上，戴着老花镜，欣赏着50年前我给你的情书，我说：“我爱你。”你深情地望着我，我看到你那已经皱纹满面的脸依旧那么美丽……

你80岁时，突然对我说：“我爱你。”我什么也没说，但那是我人生最快乐的日子。我流泪了，因为你终于对我说出了那句“我—爱—你。”

你90岁时，我们在一起，一起向对方说：“我爱你。”我发现我今生最大的享受就是能够牵着你的手，幸福地陪着你走完这一生。

第2味 珍惜

不懂珍惜的人永远不会幸福

年年岁岁花相似，岁岁年年人不同。其实，只要能守住属于自己的一份简单而平淡的生活，就已经是一个幸福的人了。实际上，抛开所有的一切，只要相爱的人还在一起，不就是最好的享受了吗？

《诗经·邶风》中有言："死生契阔，与子成说；执子之手，与子偕老。"在这简单而质朴的文字里，你可曾体会到深藏的内蕴？"执子之手，与子偕老"并非每个人都能说出口的，不是不敢说，是说不起。其实，这八个字并不只是一种单纯的语言承诺，而是在千万人之中、在时间无涯的芳草地上，没有早一步，也没有晚一步，恰巧被我们遇上了的人。所以不需要太多的言语，就会拥有相视如流的默契。

能够在一起，就是最好的享受。只需要轻轻地一握，就这样牵着对方的手，一直相扶着走向永远。

每天晚饭后，小区花园里都会有附近的居民聚在一起跳交际舞。在为数并不太多的舞者中，有一对中年人总能吸引人们的目光。

他们衣着俭朴，甚至可以说是有些过时。当他们相拥融入那些西装革履、翩翩裙裾之中时，总显得是那样的格格不入。男人个子不高，头发倔强地立着，显出一副掩饰不住的沧桑；女人与男人身高相仿，舞步娴熟，神态自若。如果不是旁边有人悄声议论："你看那个双目失明的女人跳得多好呀！"几乎没有人能猜测出她会是个盲人。

一曲终了，他们相携走到亭榭边稍事休息。舞曲再起，是优雅的中三。女人抬起双手，在空中虚无地寻找着什么，待男人一手搭上她的肩，一手与她相握时，女人平静的脸上浮现出了一丝不易察觉的微笑。那一刻，女人脸上堆满了幸福。

后来才得知，那男人是走街串巷收废品的，收入微薄，无钱娶妻。女人因为双目失明，无所依从。他与她在某一刻相遇，之后两人相守，各自便都有了依靠。

此后的每个黄昏，都能在小区的花园里看到他们。虽然，在偌大的舞池中，他们的舞姿也许不是最美的，但他们一定是最幸福的。

无论贫富贵贱，无论摩擦吵闹，只要在一起，那就是一种幸福。一句简单的“执子之手，与子偕老”便是最好的享受。

当发现真的爱上一个人的时候，就会懂得，真爱就是：能够在一起，便好。这种相依相守的婚姻经受住了现实生活的考验，爱便显得如此真切、如此深沉。没有过多的要求，只是简简单单地陪在你身边，一直陪下去，直至终老。

真正的幸福，触手可及

有一个天使很热心、很善良，他时常到凡间去帮助人，希望能够让更多的人感受到幸福和快乐的味道。

一天，天使遇到一位诗人，他的妻子温柔美丽，儿子活泼可爱，还有一群爱玩爱闹的朋友，但是他却总是愁眉不展，唉声叹气，看起来十分不快乐。

天使走上前，问他：“你看起来十分不快乐，我能够帮助你吗?”

诗人对天使说道：“我什么都有，但是只欠一件东西，你能够满足我的愿望吗?”

天使回答说：“可以，你缺少什么呢?”

“我缺少的是快乐！我的儿子太调皮很不听话，天天把我闹得心神不宁；我的妻子尽管很温柔，但是我们没有共同的话题，每天也说不上几句话；我的邻居们天天更是烦人，有事没事都来家里拜访，打扰到了我的生活……”

妻子、儿子、朋友都不能让他感到快乐，反而感到不快乐，这下子可把天使难倒了，天使想了想，说：“我明白了，好吧，我满足你的愿望。”然后，他将诗人周围的所有人都带走了，只剩诗人孤零零地一个人生活在人间。

一开始，诗人还很高兴，但没过几天，他意识到没有了儿子的欢闹、妻子对他的体贴、邻居时常对他的鼓励，生活顿时变得凄凉无比，他才知道原来自己的生活是多幸福，他后悔莫及，觉得自己活在世界上已经没有任何意义了，便准备死去。

正在这时，天使又来到诗人的身边，并将他的儿子、妻子和邻居又还给了他。诗人抱着儿子，搂着妻子，站在朋友们中间，他满脸笑容，不停地向天使道谢，因为他现在得到真正的快乐了。

人们总是认为得不到的才是最好的，对于那些触手可及的幸福总是不屑一顾。一旦失去后才恍然大悟，原来那些触手可及的幸福对自己原来是多么的重要。生活就是这样，当我们意识到应该珍惜的时候，幸福往往已经悄悄地溜走了，留下的只是缕缕无奈和肆无忌惮的泪水。

要知道，真正的幸福是触手可及的。很多时候，我们总是容易忽视眼前的和已经拥有的幸福，却在自己固执地等待和苦苦的追求中流逝了生命。其实，当下拥有的才是无价的，不要把所有称心如意的希望都放在未来。珍惜眼前所拥有的一切，这样才能及时品味到挚爱的价值。

有这样一个故事。

从前，在一处深山老林里有一座圆音寺，每天都有许多人来此上香拜佛，香火很旺。

在圆音寺庙前的横梁上，有一张蜘蛛结的网。由于每天都受到香火和虔诚祭拜的熏陶，蜘蛛便有了佛性。经过了一千五百年的修炼，蜘蛛的佛性加深了许多。

忽然有一天，佛祖光临了圆音寺，离开寺庙的时候不经意间看见了横梁上的蜘蛛。佛祖停下来，问这只蜘蛛："你我相见总算是有缘，既然你修炼了一千多年，我要看看你有什么真知灼见。"

没等蜘蛛应声，佛祖就接着问道："世间什么才是无价的？"

蜘蛛想了想，回答说："世间无价之物莫过于'得不到'和'已失去'。"

佛祖听后，只是微微笑了笑，便离开了。

蜘蛛依旧在圆音寺的横梁上，潜心修炼，又是一千五百年。

忽然有一天风起云涌，风将一滴甘露吹到了蜘蛛网上。蜘蛛望着甘露，见它晶莹剔透，很是漂亮，便顿生喜爱之意。突然，又刮起了一阵大风，将甘露吹走了，蜘蛛很难过。

这时佛祖又来了，问蜘蛛："蜘蛛，现在请你告诉我，世间无价的是什么？"

蜘蛛想到了甘露，仍旧对佛祖说："是'得不到'和'已失去'。"

佛祖说："好，既然你的回答和上次是一样的，那就让你和我一起去人间走一趟吧。"

于是，蜘蛛被带到了人间，投胎到了一个官宦家庭，成了一个富家小姐，父母为她取名叫蛛儿。

一晃，蛛儿到了 16 岁，出落成了一个楚楚动人的少女。

这一日，皇帝决定在后花园为新科状元郎甘鹿举行庆功宴席。宴席上，来了许多妙龄少女，包括蛛儿，还有皇帝的小公主长风公主。状元郎在席间表演诗词歌赋，大献才艺，在场的少女无一不被他所折服。蛛儿心想，这一定是佛祖赐予她的姻缘。

过了些日子，蛛儿陪同母亲上香拜佛的时候，正好遇到甘鹿。上完香、拜过佛之后，蛛儿和甘鹿便来到走廊上聊天。蛛儿很开心，终于可以和喜欢的人在一起了，但是甘鹿却并没有表现出对眼前这个女孩子的喜爱。

蛛儿对甘鹿说："你难道不记得16年前，圆音寺蜘蛛网上的事情了吗?"

甘鹿很诧异，说："蛛儿姑娘，你很漂亮，也很讨人喜欢。但你的想象力未免太丰富了一点吧。"说罢，便起身离开了。

几天后，皇帝下诏，命新科状元甘鹿和长风公主完婚，蛛儿和太子芝草完婚。

这一消息对蛛儿来说，如同晴天霹雳。几日来，她不吃不喝，生命危在旦夕。

太子芝草知道了，急忙赶来，扑倒在床边，对奄奄一息的蛛儿说道："那日，在后花园众姑娘中，我对你一见钟情。于是便苦求父皇，他才答应。如果你死了，那么我也就不活了。"说着就拿起了宝剑准备自刎。

这时，佛祖来了，他对快要出壳的蛛儿的灵魂说："蜘蛛，你可曾想过，甘露（甘鹿）是风（长风公主）带来的，最后也是风将它带走的。甘鹿是属于长风公主的，他对你不过是生命中的一段插曲。而太子芝草是当年圆音寺门前的一棵小草，他看了你三千年，爱慕了你三千年，但你却从来没有低下头看过它。蜘蛛，我再问你，世间什么才是最无价的?"

此时，蜘蛛一下子大彻大悟，她对佛祖说："世间最无价的不是

‘得不到’和‘已失去’，而是眼前能把握的幸福。”

话音刚落，佛祖就离开了，蛛儿的灵魂也复位了。她睁开眼睛，看到正要自刎的太子芝草，马上打落宝剑，和太子深情地拥抱在一起。

很多时候，爱你的人近在眼前，可是让你朝思暮想、牵肠挂肚的却往往是另外一个人。你认为你可以为他生、为他死，只讲付出，不要回报。你以为这是爱情，其实不然。真正的爱情，一定是在触手可及的地方。那个他，一定是在你身边的人。他在你身边不声不响，却始终对你不离不弃。他呵护着你、爱着你，胜过爱自己。

其实，有时候，你苦苦挣扎，拼命追寻的根本不是幸福。因为幸福，是一种触手可及的东西。是你看到我，内心欢喜，我看到你，内心同样欢喜。如果，爱，需要你苦苦追求，那从一开始就不幸福了，即使追到了，你的未来也未必会幸福。

我们本是同根生

有两个亲兄弟，哥哥富有，弟弟一贫如洗。哥哥对待别人的时候特别大方，但是却从不愿意帮助自己的弟弟。妻子十分担心，决心要丈夫改变对弟弟的态度。

这一天，丈夫外出不在家。妻子杀了一只狗，用草席将它包好扔在花园的角落里。等到傍晚丈夫回家的时候，她装出一副惊慌的样子说：“今天上午，有个小男孩来讨饭，我拿起棍子去揍他，没想到，刚一动手他就倒地而亡。我把他用席子包起来，放在了花园里。我们该请谁帮忙，把乞丐悄悄地埋了呢？让邻居知道了，就糟糕了！”

哥哥急忙跑去找朋友，请他们帮助埋了乞丐。可是他们都推说很忙，没有时间。哥哥垂头丧气地回到家里，妻子说：“你为什么不去跟你弟弟谈谈？也许他会帮助你。”

哥哥只得求助于弟弟。果然，兄弟情深，弟弟闻讯马上就跑来，跟哥哥一起将裹在草席中的狗埋了，然后一声不响地回家去了。妻子对丈夫说道：“你看，关键时刻，只有自己的弟弟能不顾危险帮助你。”

哥哥幡然悔悟，自此，和同胞弟弟和睦相处了。

兄弟姐妹是同胞亲人，在我们需要帮助的关键时刻，兄弟姐妹一定会挺身而出。我们生活在同一个时代，受到相同的教育，身上流淌着同样的血。这一切就注定了我们要相亲相爱，不离不弃。

俗话说，“打虎亲兄弟，上阵父子兵”，兄弟之间能够和睦相处，我们的家才会变得美好。在古代，人们把所有人都当做兄弟姐妹，我们现在虽做不到这一点，但至少也要与家人和睦共处。倘若这一分爱都不能付出，那么又如何获得更多的爱呢。

古人讲过：“爱的感觉，是温暖；爱的语言，是正直；爱的心地，是无私；爱的行为，是成全。”我们或许不能完全做到，但至少应该有一颗爱人之心，爱自己的兄弟姐妹，爱自己的家人。

传说南朝时，京兆尹田真与兄弟田庆、田广三人分家，当别的财产都已分置妥当时，最后才发现院子里还有一株枝叶扶疏、花团锦簇的紫荆花树不好处理。

当晚，兄弟三人商量将这株紫荆花树截为三段，每人分一段。第二天清早，兄弟三人前去砍树时发现，这株紫荆花树枝叶已全部枯萎，花朵也全部凋落。

田真见状不禁对两个兄弟感叹道："人不如木也"。

后来，兄弟三人又把家合起来，并和睦相处。那株紫荆花树好像颇通人性，也随之又恢复了生机，且生长得枝繁叶茂。

"本是同根生，相煎何太急"，兄弟姐妹就好像同根的树木，血脉相连，无论哪部分受到损伤，另外的部分都会跟着受伤。手足之情是人间最基本的感情之一。有时候我们反观自己，即使这最基本的感情，我们都没有好好珍惜。

有些人好像突然来到这个世界，跟谁都没有关系一样，对家人冷漠以对、不理不睬，这种态度确实不好。假如你有佛法上的境界，泯灭了亲怨分别，通达了自他平等，那倒值得恭喜。可如果没有这种境界，只是像块石头一样麻木不仁、没有感觉，那就成经常被呵斥的"无惭无愧者"。

我们这个时代，独生子女居多，上无兄弟下无姐妹，父母当我们是天上派下的小公主、小王子，对我们宠爱有加。而我们自己也觉得自己"天上天下，唯我独尊"，我是最重要的，谁都要依着自己。

在这种环境中长大的孩子，生活能力往往很差，而且，由于没有其他兄弟姐妹，他们身上缺乏谦让、团结、合作等好的品质。培养孩子的这些品质，父母、老师都有责任，都值得努力。否则，孩童时代教育不好，长大以后重新再来，就得不偿失了。

也许，幸福没有明天

一个男孩在他很小的时候父亲去世了，母亲一人含辛茹苦地把他给拉扯大。无论生活多么艰难，母亲都没有想过改嫁，怕的是孩子受委屈。孩子果然不负所托，努力学习终于考上了上海的一所大学。

在男孩离开母亲去外地上学前，他看着白发苍苍的母亲，心里暗暗发誓：一定要出人头地后把母亲接到自己的身边，报答她的养育之恩。四年大学转瞬即逝。毕业后，就业压力大，他只能找到一份薪水很低的工作。男孩本想把母亲接过来住，但一想到自己工资这么低，养活自己都是问题，担心把母亲接过来负担不起，心想再等等吧！

就这样，几年过去了，他跳槽去了一家外企，工资是原先的好几倍。他非常高兴，觉得自己终于可以把母亲接来了，但转念又想自己现在的生活刚刚稳定，还没有属于自己的房子，等买了房子后再把母亲接过来不是更好吗？所以还是再等等吧！

就这样，接母亲的事情一拖再拖。直到一天他接到村里电话，母亲因心脏病突发去世了。当他匆忙赶回家看到母亲安详的面容时，悔恨之心无以复加。

对于父母，相信每个赤诚忠厚的子女并非没有孝敬之心，在拼搏奋斗的生涯中，我们也肯定不止一次地想过父母，可是我们常犯的错误是：等我有了钱一定好好孝敬他们，等我买了大房子一定接两位老人来住，让他们享受天伦之乐……

可人世最大的悲哀莫过于“子欲养而亲不待”。当亲人还健在的时候，我们没有尽自己最大能力去报答、关心、孝顺他们，等失去后才后悔莫及。

有时候，我们总是想着等我们功成名就、衣锦还乡的时候再回家承欢于父母膝下，可是岁月不饶人，就算我们能等到那一天，而他们呢？如果他们在的时候，我们不去珍惜，一旦他们去了，留给我们的将是终身遗憾。

季雨很小的时候，母亲就去世了，父亲好不容易把他给拉扯大。长大后，他不顾父亲的强烈反对，毅然来到广州闯荡。

由于能力比较强，没过多久，季雨就闯荡出了自己的一番事业，就在他人生得意的时候，一个不好的消息却传来：父亲在老家患上了重病。

在他得知父亲病重消息的时候，他正忙着生意上的事情，抽不开身。于是，他就打电话给堂兄，让堂兄去看看父亲。

第二天，堂兄打来电话：“伯父不在了！”

这个消息犹如一个晴天霹雳，季雨怎么也没想到自己居然连父亲的最后一面也没见到，他后悔莫及。

有些事情我们可以等，但是世事不尽如人意，对待父母的爱，孝敬父母是不可能等的。否则，我们的事业再红火，挣的钱再多，那时再回来看他们时，往往会产生一些歉疚，有些事过去了是没法补偿的，会令我们一辈子不能释怀。

昨天已经成为过去，明天还没有来到，只有今天才真正的属于我们，所以珍惜我们目前所拥有的，才是最现实幸福，这也是最大的幸福。

比尔·盖茨曾这样说过："在这个世界上，什么事都可以等待，只有孝是不能等的，时间如水，在我们的一生中总是有很多的事情要忙。我们总是想等闲暇了再承欢膝下再侍奉他们让他们安度晚年。可是当我们拥有可以孝顺父母能力的时候，而这个时候父母恐怕已经无福消受了。"

她从小生活在单亲家庭，5岁时父母离异，从此跟着母亲生活。

母亲视她为生命，中学的时候，离家住校，每天都要给她打几个电话。

"下雨了，带把伞。"下雨的时候。

"天冷了，加件衣服。"天气突变的时候。

"多吃点饭，别光想减肥。"快要吃饭的时候。

她不胜其烦，每一次接电话，都会嚷嚷："妈，我又不是3岁的孩子，我懂得自己照顾自己。"

忽然有一天，母亲的电话没有准时打来，她的心慌了，打家里电话，无人接听，她手足无措。后来，阿姨打来电话，说她的母亲病了，目前在医院。

母亲患的是绝症，最终离开了她。

每一个有良知的子女，都不会忘记父母为自己的成长所付出的心血。为了回报父母的这份爱，他们在心里暗暗发誓，以后一定要好好地孝顺父母。可是，这个"以后"到底是什么时候呢？

要知道，很多时候幸福是没有明天的。作家刘墉曾经说过一段令人深思的话："学生时代我们总认为是父母养活自己的时候；上班工作时，又想等结婚生子后再孝敬父母；成家立业后有了自己的家庭负担，又顾及不到父母了。当你回头想孝敬、感激的时候，自己都年老了，父母都可能离你远去了。这时才觉得后悔，后悔没早珍惜。"

人生能有几回孝？若非要在孝顺之前附加一些条件，如等我大学毕业，等我赚了钱，等我成家后……那么，恐怕你的人生会留下太多遗憾。

谢谢你带走了我一半的悲伤

一个士兵看见自己的好友在战场上倒下，当时他正在战壕中，子弹从头顶“嗖嗖”飞过。他请求中尉让他到战壕外的“无人区”去救回那位倒下的战友。

“你可以去，”中尉说，“不过我觉得不值。你的朋友多半已经牺牲了，并且连你也可能会送掉性命！”但是中尉的忠告没有起作用，这个士兵还是去了。

士兵奇迹般地找到了战友，并把他背在肩上，跑回来的途中这个士兵也中弹了，两人一起摔进了战壕。

中尉给士兵检查了伤情，惋惜地说：“我告诉过你了，这不值得。你的战友已经死了，你也受了致命伤，恐怕活不长了。”

“值得的，长官。”

“什么，值得？可是你的战友已经死了！”

士兵回答：“长官，他是死了，但我所做的是值得的，因为当我跑到他身边时，他还活着。我听到他说：‘吉姆，我就知道你会来！’”

“朋友”这个词，就像一个美丽的童话，涵盖了你我，涵盖一切。一句“朋友”，恰似一种心灵的碰撞，道尽了友情，道尽了真情，道尽了相思。很多人不禁要问："什么是真正的友情?"

古人推崇的"君子之交淡如水"，一个淡字，概括了友谊的精髓。真正的朋友之交，是君子之交，它不在于语言多么华丽，不在于物质多么丰富，更不在于彼此之间喝过多少酒和为彼此花过多少金钱。的确，真正的朋友不在于一些表面的东西，在于为彼此之间付出了多少真情。有一句话这样说："长久的友谊并不像花一样芳香，因为花儿再香也会有凋零的时刻，友情像水，任时间飞梭也不会有变质的一天。"

唐朝贞观年间，大将薛仁贵在参军之前家境非常的贫困。他和妻子住在一个破窑里，食不果腹，衣不蔽体，多亏一个叫王茂生的朋友经常接济他们。

薛仁贵参军入伍后，他的妻儿也是靠王茂生夫妇的接济才不至于饿死。薛仁贵随唐太宗御驾东征平叛勃辽叛乱，在战场上，他战功赫赫，受到唐太宗的极力赏识，被封为"平辽王"，顿时身价倍增。

王茂生见薛仁贵"发迹"了，想看看他是否忘记了贫贱之交，于是找来两个空酒坛子，装满清水，还直言这是送给薛王府的美酒。薛仁贵得知这是清水后，并没有怪罪于王茂生，而是当着众人的面连喝了三碗，并称："真是好酒啊!"

喝完酒，他对大家说："我和夫人在过去连吃穿都成问题，全靠王茂生大哥夫妇的接济，才让我薛仁贵有了今天，如今我美酒不沾，厚礼不要，唯独就要王茂生大哥的两坛清水，虽然这是清水，但是他却比任何美酒都要香甜。"

从此以后，薛仁贵把王茂生一家接了过来，让王茂生来帮自己管理王府，两人成了生死之交。

友情如水。水是清纯、透明的，纯洁的友情绝不繁复、嘈杂。我们珍惜友情，更要珍惜如水般的友情。在现实的交际中，只有不掺杂太多的利益得失，减少一些功利心，见面不需要太多的客套，没有吹捧，没有猜忌，那么友情才能像清水一样透明。

培根曾经说过："友谊能使欢乐加倍，能把悲伤减少一半。"当我们痛哭流涕时，正是因为有了朋友的安慰和照顾，我们的悲伤才会减少了一半。真正的朋友，不一定合情合理，但一定知心知意；朋友，不一定形影不离，但一定惺惺相惜；朋友，不一定锦上添花，但一定雪中送炭；朋友之间，不一定常联系，但在心里，一定总会有一个位置为其留着。

真正的朋友，是我们最信任的人；是能够与我们同甘共苦共患难的人；是在我们最需要帮助的时候，主动站出来为我们说话的人；是当我们痛苦的时候，能够伸手给我们力量的人；是当我们哭泣的时候，陪我们一起掉眼泪的人……

亲爱的朋友啊，谢谢你陪我流泪，谢谢你带走了我一半的悲伤，谢谢你让我知道友情的可贵，谢谢你让我明白，有你在真好。

上帝派来照顾你的天使

很久以前，有一个孩子即将降临人世。孩子问上帝："他们告诉我明天你将要把我送到人间，可我那么小又那么无助，要我怎样在那里生存呢？"

上帝回答道："在所有的天使中，我已经为你选中了一个。她将在那里等你，并且会好好照顾你的。”

“可是，”孩子说，“我听说人间有很多的坏人，谁将会保护我呢？”

上帝搂着孩子说，“你的天使将会保护你，即使丢掉自己的性命也会保护你！”

孩子看起来有些伤感，他说：“可是，我会一直不开心的，因为我再也看不到你了。”

上帝拥抱着孩子说：“你的天使以后会一直跟你说有关我的事情，还会教你怎样回到我身边，而且，我一直就在你的身边。”

“上帝啊，如果我现在将要离开，请告诉我，我的天使的名字！”孩子赶忙问道。

上帝回答说，“你的天使的名字并不那么重要，你可以简单地叫她妈妈。”

父母是上帝派来守护我们的天使。从我们呱呱坠地的那一刻，我们的生命就倾注了父母无尽的爱和祝福。或许，父母不能给我们奢华的生活，但是，他们给予了我们一生中不可替代的东西——生命与关爱。父母的爱也是无私的，我们应该珍惜父母伟大的爱。我们总是爱强调自己对生活、对未来的构想，可却常常忽略了，未来的生活因有了父母所给予的一切才变得更加触手可及，更加美好幸福。

父母为我们付出了毕生的心血，当我们长大时他们就变老了，此时的他们需要儿女的关怀与陪伴。可是我们却常常因为各种事情而忽视了父母，让他们感到孤独。我们总是想去远行，去追求自己的梦想，可却忘记了，在一个地方，有一个人，一直默默地等待着我们，守护着我们。

从前，有一个年轻人，从小就与母亲相依为命，生活相当贫困。年轻人觉得自己生活得太糟糕，整日唉声叹气，郁郁寡欢，还不停地抱怨母亲。而他的母亲不但默默地承受儿子的指责，还十分细心地照顾着儿子的衣食住行。

一天，年轻人听别人说起远方的山上有位得道高僧，他便想去向高僧讨教摆脱苦恼、快乐成佛之道。他一路上跋山涉水，历尽艰辛，终于在山上找到了那位高僧，之后虔诚地向高僧说明自己的来意。

高僧热情地接待了年轻人，说道："看你如此虔诚，我可以给你指条道。你即刻下山，朝着家一直走去，但凡遇有赤脚为你开门的人，这个人就是你所谓的佛。从此，你只要悉心侍奉，拜他为师，那么快乐成佛就是非常简单的事情了！"

年轻人听后非常高兴，谢过高僧就欣然下山了。

第一天，他投宿在一户农家，他仔细看了看，男主人没有赤脚。第二天，他投宿在一座城市的富有人家，还是没有人赤脚地为他开门。他一路走来，投宿无数，但是一直就没有遇到高僧所说的那个赤脚开门人。渐渐地，年轻人对高僧的话产生了怀疑。在快到自己的家时，年轻人已经彻底失望了。日落时，他没有再去投宿，只是郁闷地朝家走去。到家门时已是午夜时分，疲惫至极的他费力地叩响了门环。

屋内传来母亲苍老惊悸的声音："谁呀？"

"是我，妈妈。"年轻人沮丧地回答。

很快，门打开了。这时，年轻人一低头，蓦地发现母亲竟赤着脚站在冰凉的地上！原来，母亲一直在等着儿子回家，听到儿子的声音时，即刻起床，跑过来给儿子开门，连鞋子都没有顾上穿。

刹那间，年轻人想起了高僧的话，突然一下子什么都明白了。母亲为自己做了那么多的事情，给了自己那么多的爱，自己居然还要去寻找佛，年轻人心生愧疚，他泪流满面，"扑通"一声跪倒在母亲面前。

“慈母手中线，游子身上衣。临行密密缝，意恐迟迟归。”多么真实的生活写照，它道出了所有父母的心声。可是我们呢？总是认为这份爱是理所应当的，儿行千里母担忧，而母在千里儿不愁。

要知道，父母住在哪里，哪里就是我们的家，就是我们永远的驿站，就是我们永远温暖的港湾，纵然我们远离家乡、浪迹天涯，然而我们的心永远走不出那个家，何况父母也因为我们的忙碌而生活在期盼和等待之中……

所以，无论你在天涯还是在海角，无论你在忙东还是在忙西，别忘了抽出时间，常回家陪陪父母。不要再总是有意无意地找出各种理由，说实在没时间陪陪父母，虽然他们永远不会怪罪我们。

珍惜与父母在一起的每一分每一秒，享受亲情的关爱和满足吧。岁月无情催人老，这是一个谁也无法避免的残酷事实。在你还能表达自己对他们的敬意和爱时，不要吝惜自己的时间，不要吝惜自己情感的表达，因为他们对你付出了一生，你也亏欠了他们太多。在父母都还健在的时候，常回家看看吧。只要让父母经常感受到你的关心和孝顺，他们的心灵就会产生莫大的慰藉。

如果爱，请不要等待

一个腼腆的男孩遇到了真爱，他打算约那个女孩去看电影。当男孩鼓足勇气，约女孩出去时，女孩止不住心跳加快，真想马上点头答应。可是妈妈的话从耳边传来：“如果你真心喜欢一个男孩子，一定要在他约你的第三次才可以出去!”

于是，她摇摇头。

男孩很诧异地看看她，勉强地笑了笑，失望地走开了。

很多天后，男孩再次鼓起十二分的勇气，来约女孩一起出去吃饭。女孩欣喜地看着男孩，尽管在心里一百个点头，一百个愿意，可是她仍是无奈地摇了摇头。她心里默默地说：“再约我一次吧！下次我一定和你一起出去，一定!”

女孩一直在等待着她的第三次约会，可是男孩再也没有来。男孩的妈妈告诉他：“如果你约一个女孩子两次都约不到，就不用再找她了。因为她不喜欢你，第三次也不会跟你出去的。”

席慕蓉说：“在青春来临的时候，假如你爱上一个人，不要等待，一定要真诚热烈地投入爱一回，不要计较结果。”

有时候，爱情是经不起等待的。爱情不是等下一次才去珍惜的，因为爱情不会站在原地等你。年轻时，我们肆意挥霍自己的爱情，总觉得以后还有更好的机会，有的是爱情等着我们，就这样，我们错过了没有被世俗污染的年轻纯洁的爱情。当然以后也许还会遇到让我们心仪的人，但是那种不顾一切付出真爱的感觉，也许不会再有了。所以这份无奈的爱情，使人感触最深的就是遗憾。

在电影《月光宝盒》里，紫霞仙子苦苦恋着至尊宝，那份真挚的爱情让天地也为之动容。但是，至尊宝却无视了那份真爱。

当紧箍咒响起，紫霞仙子要彻底离他而去之时，至尊宝终于幡然醒悟：曾经有一份真诚的爱情放在我面前，我没有珍惜，等到失去的时候我才后悔莫及，人世间最痛苦的事莫过于此。如果上天能够给我一个再

来一次的机会，我会对那个女孩子说三个字：我爱你。如果非要在这份爱上加上一个期限，我希望是一万年！

茫茫人海，如果可以找到一个自己心仪的、彼此真心相爱的人，是非常不容易的，也是很幸运的。如果你懂得珍惜，你会发现爱情之花会开得越来越灿烂；如果你将爱情搁浅海滩，为了自己的追求，不顾一切地扬帆远航，不去注重珍惜眼前的人，等有一天你累了倦了，蓦然回首打算靠岸停泊，你会发现爱情已经远远消逝在了海岸线的尽头。

再怎么坚固的爱情，都经不起等待的磨蚀。你忙得来去匆匆，不见踪影；你忙得天旋地转，夜不归宿；你忙得忘记问候，忘记关心；你忙得身心疲惫，无暇顾及你的如花美眷。可是，如果赔上了你们的爱情，就算你为对方赚回了一座金山，又有什么意义？

如果爱，请不要等待。相遇，是缘分，当我们被缘分拴在一起时，别忘记：就像食物有保质期，爱情同样也有，唯有维系才会使爱情的生命更长久；就像花儿有干枯的时候，爱情也一样，只有不断浇灌、不断注入养分，才能保持新鲜。

第3味　淡然：嫉妒别人的光鲜，阴暗的是自己的心

淡，是一种很轻的味道，因为轻，所以不会太甜不会太辣。淡然，是一种更轻的人生态度，因为轻，所以，不会太喧闹不会太寂寞。即使看尽人生繁华，依旧能淡淡的笑；即使尝遍人间苦痛，依旧能欣然地转身，微笑前行。

山，总有更高的

这天，她和朋友在公园里散步，一大片莲花在河塘中开得正好，她情不自禁地赞叹道："真美呀！长这么大，我还是第一次看到如此娇秀的莲花呢！"

她身边的朋友听了她的感叹后，随口说了一句："这有什么，我觉得这里的莲花还不如另外一个花园的玫瑰好看呢。"朋友的话一出口，瞬时间，她就感觉整个河塘里的莲花都失去了色彩。

又有一次，她和同事到海边去度假，夕阳西下，海面镀上了一层金色的余晖。她由衷地赞美道："大自然真是太伟大了，怎能构成如此和谐的景致！"

在一旁的同事瞟了她一眼，不以为然地说："这有什么，你没有看过黄山的日落，要比这里美多了。"话音落地，她顿时觉得整个落日好像暗淡了不少。

印度思想大师奥修说过："玫瑰就是玫瑰，莲花就是莲花，只要去看，不要比较。"的确，海边的落日就是海边的落日，高山上的夕阳就是高山的夕阳。因为时间、空间等因素的不同，二者本身就不具有可比性。往往，美感会在比较中丧失。只要相互一比，我们就无法用最美的心情来感受当下了。只要这么一比，我们其实就已经错失了这里的美丽。

比较，让人们的眼中失去了色彩，看不到当下存在的美丽。而且，比较，多数还会带来许多阴暗和不愉快的感觉，它是在挑拨我们的野心，在诋毁我们已努力过的一切，让所得到的也变得毫无生机和意义。

比较是危险的，它让我们总是忽略或不满意手中已经拥有的，而一旦忽视，已拥有的就会在我们心灵之间悄悄溜走。很多时候，我们内心的满足来自于别人目光折射回来的色彩基调：别人羡慕我们幸福，自己感觉就很满足；别人觉得她们自己很幸福，我们就会拿自己的生活与之相比。往往，人们总是忽视了自己内心真正想要的东西，而常常被外在的事物所左右。

欣雨是一位都市白领，与丈夫结婚后用积累了几年的工资买了一套二居室的房子。房子是他们精挑细选后定下来的，两人住进去后感觉十分舒适而且方便，心中十分开心，每天上班脸上都会挂着幸福的微笑。

但是没过多久，欣雨的一位好朋友也买了一套房。装修好后，朋友打电话让欣雨到家里参观。朋友的房子地段好，而且房子还很大，里面装修也很高档，欣雨感到原本的好心情已经被朋友“更好”的房子给冲击掉了。

再回到家，欣雨怎么看都觉得自己的房子不够好，再也没有舒适、方便的感觉了，后来她和丈夫吵着闹着也要在市区买房，而且还偏要和那位朋友住同一栋楼，夫妻俩整日身心之疲。

这不，两人又因此爆发了激烈的争吵。

“老公，小洪家刚买了新房人家那大房子那叫气派。”

“咱家房子虽然不大，但也不小，而且很温馨，也挺好呀。”

“挺好？你那叫没出息！你让我和女儿和你住这样小的房子？我真后悔，当初怎么看上你这么个不求上进的东西！”

“我工作勤勤恳恳，对家庭尽心尽力，咱们一家平平淡淡，有吃有喝多好啊。你为什么非要让我跟别人比呢？你要是真的觉得别人比我好，那好，离婚吧，你去找一个你觉得好的人过好生活去吧！”

“好啊，你给不了我比别的女人更好的生活，居然想和我离婚，离就离！”

……

俗话说：“人比人，气死人”，很多时候，我们之所以不够从容淡定，并不是因为我们的处境不尽如人意，而是因为我们习惯将自己的幸福建立在与他人攀比的基础之上，眼睛总是盯着别处，总是羡慕着别人的生活，而看不到自己眼里的风景，进而心灵的空间挤满了太多的负累，忽略或不满意自己的生活，结果把忧愁和痛苦全给了自己。

芳，高挑而曼妙，婚后几年依然美丽。她的婚姻似乎和她的相貌一样完美，丈夫几乎让她享尽世界所有的甜蜜——除了他们的物质条件和丈夫的相貌：他们并没有宽敞的房子，而丈夫的个子甚至没有芳高。

生活在平淡中一天天度过。平淡久了，终究也就有了厌烦。当厌烦到快要麻木的时候，芳邂逅了一个丈夫之外的男人，那个男人似乎让她看到了一个全新的世界：俊朗的外貌、挺拔的身姿——关键是，他给芳也买了一套房子：地段好，面积大。

芳决意离婚。

丈夫久久无语。

漫长的沉默中，芳拿出小剪刀开始修剪指甲。可是小剪刀有点儿钝了，不大好用。

“你把抽屉那把新剪刀递给我一下。”芳说。

丈夫把剪刀默默地递到她面前，芳忽然发现，丈夫递给她剪刀的时候，刀柄的方向朝向她，刀尖朝着他自己。

“你怎么这么递剪刀呢?”她有点儿奇怪。

“我一直都是这么给你递剪刀的。”丈夫说：“这样万一有什么意外，也不会伤到你的。”

“是吗?”她毫不在意地反问了一句，心却忍不住轻轻一动：“我从来没注意过。”

“那是因为这太平常了，”丈夫静静地说，“我从没有说过，因为我觉得这没有必要说——其实我对你的爱也是如此。从我爱上你的那一天起，我就告诉自己，要把最大的空间给你，要把最大的自由度给你。就像刚才递剪刀时把刀柄给你一样，把爱情的生杀大权给你，让你不会受到伤害——最起码不会从我这里受到伤害。也许我给不了你那么大的房子，也给不了和你一起上街时别人羡慕的眼光，可这就是我对你的爱。”

听着丈夫这一句句的心里话，芳早就泪水汹涌而出，紧紧地抱住了丈夫。

所有的比较在这份细腻到已经融入生命的爱的面前，都是那么得委琐而不值一提。当用内心去体验时，怎能不被拥有这样的幸福而感动?

其实，在物欲高涨中的社会中，每个人似乎都会不自觉地将眼光盯向别处，体味不到自己眼中风景的美丽，不少人更是在攀比的烦恼中不能醒悟过来：攀比物质、攀比金钱、攀比名利、攀比幸福……但是，我们需要知道的是，每个人都有自己的生活，又何必和他人相比呢?

山外青山楼外楼，比来比去何日休?好只是相对的，成就幸福最简单的方法就是：怀着一颗知足的心，守护好当下已经拥有的。

属于你，幸福才真实

在一条河的两岸，一边住着凡夫俗子，一边住着僧人。

看到僧人们每天无忧无虑，只是诵经撞钟，凡夫俗子们十分羡慕他们；可是僧人们看到凡夫俗子每天日出而作、日落而息，也十分向往那样的生活。时间一长，他们彼此都在心中渴望着要到对岸去。

后来有一天，凡夫俗子们和僧人们达成了协议。于是，凡夫俗子们过起了僧人的生活，僧人们过上了凡夫俗子的日子。

几个月过去了，成了僧人的凡夫俗子们发现，原来僧人的日子并不好过，悠闲自在的日子只会让他们感到无所适从，便又十分怀念以前当凡夫俗子的生活。而成了凡夫俗子的僧人们也体会到，他们根本无法忍受世间的种种烦恼、辛劳、困惑，于是也想起了做和尚的种种好处。

于是，他们各自心中又开始强烈渴望着：到对岸去。

要知道，属于你，幸福才真实。幸福是自己的体会，不是别人看到的样子，所以，我们无须将自己的生活表演给别人看，更不要盲目地羡慕别人的幸福，否则会忽略本就属于自己的幸福。

许多时候，人们往往觉得得不到的就是最好的，总是觉得别人的东西比自己好。其实，我们应该想到，也许，只有自己所拥有的才是最适合自己的。我们应该珍惜当下，发现自己的富足，感谢上天所赐予我们的一切。

不要与人盲目地攀比，不要羡慕别人的荣华富贵，应该尽自己最大的努力去过好自己的生活。不管顺境还是逆境，只要看自己眼里的风景，寻找到属于自己的位置，就一定会真正地感受到幸福快乐。

人生是一个由起点到终点，短暂而漫长的过程，在这个过程中每个人所拥有和承受的福寿禄、喜怒哀乐、爱恨情仇都是一样的、相等的。这既是自然赋予生命的规律，也是生活活赋予人生的规律，只不过我们享用、消受的方式不同，这不同的方式，便演绎出不同的人生。

一青年总是埋怨自己时运不济，生活不幸福，终日愁眉不展。

这一天，走过一个须发俱白的老人，他问这位青年："你为什么总是不高兴呢?"

青年叹气道："我不明白为什么我总是这么穷，而别人都那么富有。"

"你穷？我看你很富有嘛!"老人由衷地说。

"老人家，你别逗我了。"年轻人边说边摇头。

老人没有正面回答，反问道："假如今天我折断了你的一根手指，给你1000元，你干不干?"

"不干!"年轻人回答。

"假如斩断你的一只手，给你10000元，你干不干?"

"不干!"青年人没有丝毫犹豫。

"假如让你马上变成80岁的老翁，给你100万元，你干不干?"

"不干!"青年人还是坚定地摇着头。

"这就对了，你身上的钱已经超过了100万元呀!"老人说完，笑吟吟地走了。

或许，羡慕别人是人的一种天性。看到人家好，人家强，凡夫俗子哪个不心动？就算是得道高僧，也要念三声“阿弥陀佛”，才能镇住自己的欲望和邪念。那些老认为自己太差，比不上别人的人，不是他们真的就一无是处，而是他们心灵的空间挤满了太多的负累，因此无法欣赏到自己真正拥有的东西，忽略了自己的幸福。

总是羡慕别人的生活，就会给自己造成混乱和迷茫，甚至使自己不得安宁。羡慕别人的代价，常常就是失去自己。不去羡慕别人，你的日子就会变得悠然平静，从容不迫。不去羡慕别人，你才会找到自己的生活，完成你自己的事业，达到你自己的目标，过好你自己的日子。

其实，在生活中只要做好自己就可以了，一味羡慕别人只会给自己带来超量的心理负荷，给自己凭空地添加许多烦恼与忧虑。让我们剔除掉那些不必要的烦扰，给自己一个快乐的空间。

生活的差别无处不在，而艳羡之心又是难以克服。但是，假如我们能换一种思维模式，学会理性地分析生活，你也许会发现，其实，终其一生，生活对每一个人都是公平的。而我们要做的不过是抓住属于你的东西，享受你自己拥有的幸福而已。

自己，是最独特的风景

凡·高是大家所熟悉一位画家，就算不熟悉凡·高的人，相信也看过他的传世名作《向日葵》吧。

其实在当时，凡·高的作品是不被别人所接纳和理解的，凡·高生前的日子十分窘迫，有好心人规劝凡·高应该跟从主流画风，才能被大家所认可，幸而他坚持了自己。虽然现实给予他的是无穷无尽的痛苦和打击，直至他开枪自杀，他也依然向现实抗争着，坚持着自己那一片独特艳丽的风景。

最终，他的《向日葵》终于盛开在了世界的每一个角落，他以他的独特的才华留下了如同太阳一般的光辉。

生活在这个大千世界里，每个人都有自己的个性和特色，每个人都有适合自己的生活空间。而一味地羡慕和比附，等于是抛弃自己的个性和特色，没有“特色的”自己，何谈魅力？

肤浅的羡慕、无聊的攀比、笨拙的仿效，终日活在他人的影子下，处处幻想成为他人，就是没有自己，这是羡慕和攀比的悲哀。

当然，我们并不是说每个人都需要采用凡·高那么偏激的手段来争取赞同。如果凡·高当初放弃自己的独特，不要说拥有富足的日子，恐怕连最后的荣耀也无法获得。

大千世界，万事万物，它们的产生与存在都各有方式，很多东西是不能统一标准、整齐划一、相提并论或简单相比的，作为万物之灵的人类更是各有各的活法，各有各的思想，你有你的快乐，我有我的快乐，那么，我们又何必把自己比到死胡同里面去呢？

放着自己独特的风景不去欣赏，非要挤个头破血流去争望别人的风景，这不是一种世故，更不是“从众效应”，而是一种愚笨的行为。

南方的一个山区小镇，盛产一种小小的金钱橘，由于每一年这种金钱橘都卖得非常好，所以几乎家家户户都靠它养家。

然而有一年，市面引进了一种新的品种，当地人管它叫四川橘，这远远超过了金钱橘的利润，许多村民看到别人种四川橘发了财，内心也不免跃跃欲试。

于是第二年，村里的许多人家都改种了四川橘，只有少数几个村民认为金钱橘是自己这里土生土长的，对新品种也不是很了解，所以还是坚持种金钱橘。果然新品种不适合在本地生产，很多村民都有所亏损，最后还是金钱橘受到人们的喜爱。

在羡慕别人的成功的时候，不要忘记自己也拥有独特的风景，不要等失去了才发现它的珍贵。放着自己得天独厚的条件不利用，非要去跟风，从而失去了自己独特的优势。我们说过成功可以复制的，但前提是，你要看清楚自己的条件。

我们看到别人手上的红苹果，却忽略自家院子里的苹果树，殊不知，那棵被你忽略的果树将会结出更多的果实。我们眼热其他人的成功法门，却忘记自己脚下也踏着一条成功之路。这不是悲剧又是什么呢?

看着那些身边的成功人士，我们会不自觉地模仿他们；看着身边人的劣根性，我们也会不自觉地沾染上各种各样的坏毛病。人与人之间总是存在着一种同化作用，物以类聚，人以群分，在社会的河流中，我们难免改变，这是一个不争的事实，也是一件很正常的事。

然而，在很多时间里，我们只顾着盲从大众，却失去自己独特的一面，这却是十分可惜的。不仅仅是个人、一些人群、团体，都会犯下同样的错误。

成功的故事每一秒都发生在这个世界上，但若是摈弃所有个性，那也实在是太无趣了。金钱和权力的成功只会让人嫉妒和献媚，而个性的成功却可以让他人无限景仰，无限憧憬。相信你自己是最独特的风景，相信你是世界上最美的那一个。

嫉妒，是一味毒药

有一个人遇到了一个神仙，神仙说："我可以满足你的任何的一个愿望。"这个人听了之后十分高兴，因为神仙没有限制他许任何愿望，"但是，"神仙又说，"你得到的任何东西，你的邻居都会得到双份。"

这个人冥思苦想，不知道该向神仙许怎样的愿望，因为他想，如果他许愿要一亩田地，那么他的邻居就会白白得到两亩，如果他要一箱珠宝，那么他的邻居就会得到两箱，如果他许愿要一个美女，那么那个家伙就会同时得到两个美女，他想来想去都不知道该向神仙怎样许愿，最后，这个人终于下定决心，对神仙说道："请你挖去我的一只眼珠吧！"

嫉妒，是一味毒药，在毒害别人的同时，也会伤了自己。德国有一句谚语："好嫉妒的人会因为邻居的身体发福而越发憔悴。"嫉妒会让你失去的更多，没有人会因为嫉妒最终得到补偿。

你可能从没有认真地想过嫉妒一个人会对你造成怎样的影响，如果你不停地对着别人碗里的奶酪流口水，很可能，下一步你会打翻对方的碗，并且最后得到的就是难过和自责，因为你很清楚，幸灾乐祸的感觉并不好，而自己则会处在一无所有的境地，你打翻了对方的奶酪那并不代表你的碗里就会出现你想要的东西。

一个穷人在集市上卖乳酪，一只花猫突然跑了过来，它趁穷人不注意时，叼起一片乳酪就跑了。花猫的举动被一只黑猫看到了，黑猫心生嫉妒，就想将乳酪从它那里抢过来。花猫当然不会将到手的美味拱手相让，于是两只猫厮打起来，展开了一场激战，花猫又叫又咬，黑猫又抓又挠，但是它们筋疲力尽也没能分出胜负。

这时候，正巧一只狐狸经过，于是花猫建议让狐狸来做裁判，黑猫点头同意，它们把狐狸叫住，请它帮忙作出合理的裁决。

狐狸听完了两只猫争吵的原因，又看到了那片乳酪，故意摆出一副十分明智的样子，它大声呵斥道："你们这两个愚蠢的家伙，这有什么必要打架呢？你们两个都想吃到乳酪，那么就将这块乳酪切成两块，这样大家不都有份了吗？"

两只小猫点头同意，于是，狐狸拿出一把刀子在乳酪上随意地切了一刀，然后将其中一块给了花猫，另一块给了黑猫。

当花猫正要吃的时候，黑猫抗议道："它的那块比我的那块大。"于是狐狸就在花猫的那块乳酪上咬了一口，说："现在一样了吧？"

"快看看呐，我的这块又小了。"花猫大声叫着。

狐狸戴上了眼镜，说道："你说得没错。"于是又在黑猫的那块乳酪上咬了一口。

就这样，狐狸一会儿在花猫的乳酪上咬一口，一会又在黑猫的乳酪上咬一口，就这样不断反复着，因为黑猫和花猫总是在不断看对方的那块乳酪有多大，看到对方的乳酪比自己的大就会抗议，到最后，它们的乳酪被狡猾的狐狸咬得只剩下很小的一块，一大片的乳酪就这样几乎都进了狐狸的嘴巴里。

一个人若有一点妒忌心是很正常的事，它有可能成为自己前进的动力，奋发的源泉。可这种情绪不能无限扩大，不然就会成为一颗毒瘤一样每时每刻地侵蚀着你的心灵。

事实上，并没有什么人与我们有仇，也并非有什么的事情导致我们的情况变得糟糕，真正使我们陷入困境的竟然就是由于看到别人的好运而产生的嫉妒心理。

由巴里·莱文森导演的电影《嫉妒》就演绎了一段关于嫉妒的故事。故事的主人公迪蒙和尼克是一对十分要好的朋友，他们常说，如果迪蒙和尼克长得再像一点儿，他们简直就是亲兄弟。

然而，有一天，他们的这种胜过亲兄弟的关系却出现了裂痕。尼克天才般地创造出一种能够轻松清除狗屎的粪便蒸发剂。尼克靠这项发明，在一年半之后，摇身一变，成为一名亿万富翁。也许你会认为尼克在变成了亿万富翁之后便不再理会他的朋友迪蒙，他们的友情便因此结束。

事实上，尼克并没有因为这样就忘记迪蒙，反而是迪蒙对于自己与尼克一天天拉大的差距心里十分恼火，并且尼克的妻子开始凭借资产竞选议员。迪蒙已经无法再勉强挤出笑容了，迪蒙对尼克的嫉妒越来越严重。日益加深的嫉妒心使他的情绪受到了严重影响，他已经无心工作，导致最后他因业绩下滑遭到了老板的解雇。在这个时候，迪蒙不仅仅丢掉了自己的工作，他的妻子也无法忍受这样的差距，带着孩子回了娘家，离开了迪蒙。

迪蒙的嫉妒心导致他的情绪低落甚至变成了颓废，他光顾酒吧，并在那里遇到了一个名叫吉曼的人。在他向对方倾吐了自己的苦恼和气愤后，吉曼给了迪蒙一些建议。

迪蒙开始故意去伤害他的这位“亲兄弟”。尼克有一匹心爱的大白马“库凯”，它最先成为嫉妒的牺牲者，迪蒙酩酊大醉的时候射杀了它。事实上，迪蒙并不想真的将它置于死地，但是库凯确实死了。迪蒙并没有因此感到愉快，他开始害怕，并且就在这个时候，他的妻子理智地回到了他的身边，这让迪蒙为自己的所作所为更加内疚。

为了不让尼克发现，迪蒙将库凯的尸体埋在了尼克打算给他建造游泳池而挖的坑里。尼克悬赏5万美金寻找库凯的下落。迪蒙将这件事情告诉了吉曼，吉曼却提议挖出库凯的尸体赚一笔，当他们冒着雨转移尸体的时候却在中途将尸体弄丢。

后来，尼克拉着失业的迪蒙去罗马推销粪便蒸发剂。迪蒙实在感到内疚，终于说出了库凯的下落。第二天，在尼克举办的一个帮助妻子竞选演说的一个聚会上，人们惊奇地看到河面上漂着库凯的尸体，通过检验，导致库凯死亡的真正原因是粪便蒸发剂起作用时散发出的有毒气体。

不久，迪蒙与尼克就和好如初，因为尼克变得一贫如洗。

嫉妒犹如野草，稍一放纵便会蔓延滋长，遍布整个心灵。嫉妒的过程，伤人伤己。而嫉妒的结果更是得不偿失。其实，嫉妒并不是一件可耻的事。我们看见同一起跑线的人比自己生活得更好的时候，很难保证羡慕之余不会说上两句风凉话。我们看见明明不如自己的人，手中却拥有自己梦寐以求之物时，难免在心中愤愤不平。

嫉妒是我们一生都无法克服的负面情绪之一。我们是人，我们会嫉妒、会羡慕、会抱怨、会愤愤不平，都是人之常情。不过，在我们郁闷之时，宣泄过后，则必须要做一件事情，一件相当重要的事情，那就是忘记。

可是，如果仅仅因为嫉妒他人而做出一些不可理喻，甚至伤人伤己的事情来，那就不仅仅是可耻，而是可悲了。你可能从没有认真地想过嫉妒一个人会对你造成怎样的影响，如果你不停地对着别人碗里的奶酪流口水，很可能，下一步，你会打翻对方的碗，并且最后得到的就是难过、自责。

因为你很清楚，幸灾乐祸的感觉并不好，而自己则会处在一无所有的境地，你打翻了对方的奶酪那并不代表你的碗里就会出现你想要的东西。你不仅没有得到，反而失去了原本属于你的东西。

请对虚荣说再见

一个人生意失败了，由于他的虚荣心作怪，仍然继续维持着原有的排场。为了能东山再起，他经常会请人吃饭，用来拉拢关系。

宴会时，他已经没有车子了，不过会租用一辆私家车来接宾客，同时煞费苦心的找来两个钟点工，让她们扮作女佣来充面子。佳肴摆满了整个桌子，孩子刚想去夹，他瞪了孩子一眼，孩子已经很久没有吃过肉了。还没等前一瓶酒喝完，他就把柜中的最后一瓶酒给打开。

当客人们酒足饭饱后，他把问题说给他们听，每一个人都流露出同情的眼光，可没有一个提出愿意帮助，因为大家想，他过得这么好，还用得着我们帮忙吗?

古今中外，不知有多少哲学家、宗教家都曾提出过这样的警告：千万不要让虚荣心扰乱了心智！可是在我们的生活中，还是有很多爱慕虚荣的人，总喜欢为了一点面子而给自己找罪受。有些人兜里明明没钱，却还很喜欢装阔，请朋友去吃饭的时候，还偏偏选择去高档饭店，买单的时候，朋友明明比自己兜里要鼓，自己还要打肿脸充胖子前来买单。

请你好好想想，这些虚荣对我们来说有何用呢？法国哲学家柏格森说过：“一切恶行都围绕虚荣心而生，都不过是满足虚荣心的手段。”爱慕虚荣不仅不能达到满足炫耀自己的目的，恐怕还会给自己招来啼笑皆非的难堪，身心备受折磨。

赵磊新成立了一家广告公司，特地邀请几个好朋友欢聚一堂。席间，朋友们纷纷祝福赵磊生意红红火火，节节攀高。这个时候孙皓拍拍自己的胸脯说：“赵磊放心，你的单子我包了。”

孙皓只是一家公司的普通职员，他知道自己肯本没有那么大能耐，但为了炫耀自己的能力还是毫不犹豫地说了大话。朋友们都说孙皓够义气，一瞬间，孙皓感觉自己很伟大，于是夸下了更多的海口，引得朋友们无限羡慕。

看着孙皓那么胸有成竹，赵磊将他的话牢牢记在了心里。几天后，他去找孙皓做单子，而孙皓只不过是说说而已，并没有想着朋友会真的找他帮忙。这下孙皓慌了，因为他自己根本就没有什么把握。可是如果这个时候拒绝，自己无疑丢了大面子，于是，他不得不帮赵磊忙活起来。

一个星期过去了，孙皓一个合适的单子也没有给赵磊做成。赵磊等不下去了，不无遗憾地说道：“看你当初说得那么胸有成竹，我以为你真的能行的。现在看来，我还是找别人吧，你不要为难了。”

谁知，在虚荣心的驱使下，孙皓的心智已经乱作一团了，他强烈要求给赵磊做单子，好让朋友们看看自己的“能力”。不过，三番五次的折腾，依然一个单子也没有做成，结果不仅让赵磊受到了连累，就连自己也花了不少冤枉钱。

从这之后，朋友们开始感觉孙皓并不像自己说得那样能干，于是对他产生了一丝反感，真有什么事情也不敢托付给他。而孙皓自己自然也高兴不到哪里去，情绪越来越急躁，却依然不停地夸着“海口”。

孙皓就是因为太爱慕虚荣，被虚荣心搅乱了心智，夸下了很多的海口，引得朋友们的无限羡慕，但结果不仅让朋友受到了连累，就连自己也花了不少冤枉钱，到最后引起了众人的反感，自己的心态也出现了大变化。

生活中，像孙皓这样爱慕虚荣的人并不少见，比如，有些人明明囊中羞涩，却还很喜欢装阔，请朋友去吃饭时还偏偏选择去高档饭店；有些人与人聊天的时候，总要有意无意与别人吹嘘自己一个月能拿多少工资，当朋友们借钱时，只能吞吞吐吐地说现在在做大事情，暂时没有资金……

由于虚荣心而引发的悲剧，是一件十分不幸的事情，甚至有些人因为虚荣心而丢掉了自己的幸福。凡是爱慕虚荣的人，总会有一天，与身边的人发生冲突，有时候还会与自然界发起冲突。最后，除了失败以外什么也不会得到。

张菁菁曾经是朋友圈里出了名的“款姐”。她有着数处豪宅和多辆好车，花起钱来，好像流水一样。可是，好景不长，一个千万富姐最后却变得一贫如洗了。

原来，张菁菁与丈夫李华结婚时，李华只是一个临时工，没有人瞧得起他。张菁菁的父母也是如此，就连他们的婚礼都没有参加，那时候她发誓：“一定要把面子给挣回来!”

苦日子很快就过去了，张菁菁终于迎来了属于她的艳阳天。李华成了房地产老板，身价超过了千万。张菁菁觉得到了挣回面子的时候了，于是在一家豪华大酒店里补办了一场隆重气派的婚礼。

由于虚荣心的极度膨胀，张菁菁每次和朋友一起出去吃饭的时候，总是十分慷慨地买单，有时候给服务员的小费都是四五百元。在丈夫眼里，妻子变成了童话故事里那个不断向小金鱼索要财宝、贪得无厌、俗不可耐的渔婆。最后，两人的婚姻走到了尽头。

离婚之后，她的虚荣心还在膨胀，为了不让别人看她的笑话，她不惜一切的把丢失的面子给挽回来。很快，她陆续卖掉了六处房产和豪华车来继续维持自己富姐的面子。最后为了维持生计，甚至把手机都给卖了。

中国有一句俗语："死鸡撑硬脚"。说的是鸡虽然死了，可它的脚印还在硬撑着。现在想想这句话确实有点可笑，既然都已经死了，还有必要在那硬撑吗？可是想想那些爱慕虚荣的人不正是如此吗？

身处灿烂缤纷的花花世界，你能否守住心灵的一方净土，抵御住虚荣心的作祟，不被虚荣扰乱心智，做到不爱慕虚荣呢？和嫉妒心一样，每个人都有虚荣心，恰到好处的虚荣心是一种积极的心理暗示，不仅可以让人的心情平和愉快，而且能够刺激我们用积极的行动填补自己的欲望和夸下的海口。

但是，凡事都有一个限度，太过于爱慕虚荣，以致让虚荣扰乱了我们的心智，盲目地打肿脸充胖子，就是一种愚蠢了。这不仅不能达到满足炫耀自己的目的，恐怕还会给自己招来啼笑皆非的难堪，身心备受折磨。

跟虚荣说再见吧。只有当你把虚荣拒之门外的时候，你才会看到真正的自己，你才知道你自己最想要的是什么，才明白什么是最值得你珍惜的。也只有这样，你才能获得，获得更多本来属于你的东西，甚至更多你梦寐以求的东西。

欣赏，美之善念

1852年秋天，屠格涅夫在斯帕斯科耶打猎时，无意在松林中捡到一本皱巴巴的《现代人》杂志，他随手翻了几页，竟被一篇题名为《童年》的小说所吸引，作者是一个名不见经传的无名小辈，但屠格涅夫却十分欣赏，钟爱有加。

之后，屠格涅夫开始四处打听《童年》作者的住处，几经周折，最后得知作者两岁丧母，七岁失父，是由姑母一手抚养照顾长大的，屠格涅夫更是给予了极大的同情和关注，向作者的姑母表达了对作者的肯定和欣赏："这位青年人如果继续写下去，他的前途一定不可限量！"

作者本是因为生活苦闷而信笔涂鸦写小说的，得知名作家屠格涅夫这一评价后欣喜若狂，竟一下子点燃了创作的火焰，找到了自信和人生目标，于是一发而不可收拾地写了下去，最终成为享誉世界的大文学家。

他就是列夫·托尔斯泰。

渴望得到欣赏是人的天性，我们每个人都希望得到他人的欣赏，生命的意义就在彼此的欣赏中展现出它的和谐之美。懂得用欣赏的目光看别人者必具有愉悦之心，仁爱之怀，成人之美之善念。

美国哲学家约翰·杜威说："人类本质里最深远的驱策力，就是希望具有重要性"。每个人都希望得到他人的肯定，当面对他人优点的时候，不要吝啬一句赞美；当别人没有自信时，也不要吝惜一句鼓励，你的一句话，一次帮助，也许就能帮他们建立自信，也让你们的关系上升到一个新的层次。

因此，我们应该像大海一样笑纳百川，像天空一样任鹰翱翔，像高山一样簇拥群峰，摒弃自大、自负和自满，真诚地赏识他人，毫不吝啬地对别人的才智、德操、品行送上一句由衷的赞美。

孟苗是一名业务骨干，她的工作能力没的说，但是她跟周围的环境格格不入，人际关系差得很，经常显得落落寡合。而这一切都源自她不懂得用欣赏的眼光看待周围的人。“爱美之心人皆有之，小李长得又矮又丑，我真没有心情和他说话”、“燕燕喜欢在网上玩斗地主，她都是孩子的妈了，怎么还玩这么无聊的游戏”……

有了这样的想法后，孟苗觉得自己跟同事们没有共同语言，处处流露出对他们的看不起和疏远，这自然给人留下了清高、不成熟、孤僻的坏印象。由于单位的各种选拔都实行选票制，很多业务技能不如孟苗的人，因为人缘混得好，与同事们相处得和谐融洽，反而地位慢慢比她高起来，这让孟苗很受打击，也认识到了人缘的重要性，由此，她反省了自己在单位的处世点滴，觉得自己之所以把别人看扁了，是因为不懂得用欣赏的眼光看待周围的人。

接下来，孟苗开始迅速调整自己的心态。“同事在一起，是为了快乐和赚钱。每个同事都有值得自己学习的地方，自己不是什么大树，只不过是一颗小石子而已。”于是，她对同事们谦和有礼起来，并开始留意他们的优点，小李虽然长相普通，但是他对人热情友好，只要谁有帮忙的地方，他肯定会尽其所能；燕燕虽然平时爱玩，但是她一工作起来就非常地投入，原来会休息的人才能工作好……

这种精神上的净化，使孟苗发现了同事们的种种优点，她开始愿意

与同事们接触，变得和气有礼貌，和从前相比，简直就像变了一个人似的。一天，经理将孟苗叫到了办公室，笑着说：“你知道吗？有好多人都称赞你！下次干部提拔非你莫属了！”

金无足赤，人无完人。当我们用挑剔的眼光去看待朋友时，会觉得他浑身是“刺”；而以欣赏的眼光看人，则会觉得他优点多多，光芒四射。

欣赏与被欣赏是一种互动的力源，欣赏别人，可以使我们的心灵在欣赏中得到净化和升华；欣赏别人，可以使我们的内心满溢着爱，从而建立健康和谐的人际关系；如果我们懂得经常欣赏别人，就会发现身边有太多美好的东西，生活充满了阳光。

事实上，优点和缺点只是相对而言的，同样一个特点，可能在这件事上是优点，在那件事上就是缺点；在这个阶段是优点，在那个阶段又是缺点，正如列宁所言，“一个人的缺点仿佛是他优点的延续”。

当然，欣赏别人不是毫无原则的你好、我好、大家好，不是投其所好的精神按摩，更不是包藏祸心的精神贿赂。

欣赏别人，是发自内心的宽容、友善、鼓励，蕴涵着尊重、理解和支持，人是一种境界、一种涵养、一种素质。欣赏一个人不会贬低自己，只会提升自己的人格和能力，欣赏别人，别人才会真正的欣赏你。

第4味　达观：问心无愧就好，于世无憾就行

人生的画册里都有一个口子，有的人只看见了这个口子，他们叹息道："多么可惜啊！有一个口子！"有的人也看见了这个口子，可是他们却笑着说道："啊，真美啊！有口子的人生真美啊！"要知道，真正美好不是人生，是人心。

有一种善良，寂静无声

繁华的巴黎街边，一个衣衫褴褛、双目失明的老人像一尊铜像一样站立在那里。他身旁立了一块木牌，上面仅仅写着七个字：“我什么也看不见”。

很多路过这个牌子的人停住了脚步，看了看，叹了口气，摇了摇头，但几乎所有的人都认为这是一个骗局。一天下来，老人依然两手空空。

这天中午，一位诗人经过这里。他看看木牌上的字，思索了一会儿，掏出笔悄悄地在那行字的前面添了几笔，就匆匆地离开了。

当天晚上，老人的妻子照例来帮他收拾东西回家，当她看到老头儿今天竟然比平时的收入多出了好几倍时，忍不住问他这是怎么回事。

盲老人笑着回答说：“亲爱的，我也不知为什么，下午给我钱的人多极了。”

“是吗？那到底发生了什么事呢？”妻子不禁自言自语地嘟囔着。

“一下午，我听到他们都这样念道‘春天来了，我什么也看不见！’然后就往我的盒子里扔钱。”老头儿依然乐呵呵地说。

“春天来了，我什么也看不见”，仅仅四个字，就把春天活泼而充满生机的美好以诗一般的语言带了出来，让人们怀着浓厚的感情想象着那蓝天白云、绿树红花、莺歌燕舞，这一切美丽的景色是多么让人沉迷。可是，对于一个双目失明的老人来说，他的世界里只有一片漆黑。

当人们一想到自己能饱览这人间春色，而这个可怜的盲老人，一生中竟连万紫千红的春天都不曾看到时，自然就不由自主生了同情之心。这位诗人的伟大之处在于，他赋予了语言以巨大的魅力；同时，对于需要帮助的人，他默默地付出了自己的爱心。

如果要付出，就心怀一颗单纯而无私的心，不图回报。当我们不声张地做着内心认为应该做的事情时，心情就坦然了，事情也就简单了。如此，我们不仅会感觉到奉献的乐趣，也会让很多复杂的过程不再劳累双方的身心。

浙江一对七旬老人，每天凌晨三点半起床，义务打扫社区小花园的卫生：不管是从前的石凳还是如今的木椅，每天都是干干净净，被小区居民称为“魔凳”；而从六楼到一楼的垃圾，老两口一路走下来就一路给带了下来。而这些，两位老人一做就做了十八年。

面对在河边玩耍时不慎坠河的女童，江苏一位中年“的哥”奋勇跳河，救出落水女童而身负轻伤后又默默离开。目睹救人全过程的当地居民记下了车号致电市文明办，“的哥”所在的公司才得知此事——而无论是领导还是同事都说，他们已经不知道是第多少次接到对这位“的哥”无名助人的表扬了。

而在甘肃团市委希望工程办公室，从2000年至今，无论刮风下雨，总有一位白发老人会在新学期开学前，拄着拐杖亲自将捐款送到团市委。他不留电话、地址，也从不指定捐助学生，不让学生回信。

他们都是我们身边的好人，默默地在做着他们心里认为能给他人带来帮助的好事。放下功利心，就少了很多企图和牵挂，做好事就简单了许多，做好人就轻松了许多。做一个寂静无声的好人，让我们在纯粹而憨实中获得一种坦荡而长久的祥和。

老子有“上善若水，水善利万物而不争”的说法。意思是说，最高境界的善行就像水的品性一样，泽被万物而不争名利。一个真正拥有智慧、内心充满平和宁静的人，每当为别人带来方便的时候，心里往往只想到“要去做”和“怎么做”，之后便更能感受到灵魂中的快乐。而一个人，如果心中有爱、有善良，不但能感受到生活回报给你的爱，而且会感到生活的美好。

有一种善良是寂静无声的。小小的善意行为，不用言表，信手做来，于心是一件非常快乐的事情。莎士比亚曾说，慈悲不是出于勉强，它是像甘露一样从天降下尘世，幸福不但会降临于受施的人，也同样会降临于给予的人。所以，行善无迹的人通常才是最幸福的。

吃亏与得到比邻而居

郑板桥被誉为“扬州八怪”之一，他的诗、书、画艺术精湛，号称三绝。在创作过程中，他还把诗、书、画三者巧妙结合，独创一格，达到了一种全新的艺术境界，这一切都源自他豁达而开朗，舍得“吃亏”。

在官场上，郑板桥非常爱护百姓，曾经因为在灾荒之年为赈济灾民而触犯了上司，最后被罢官回乡。可是，郑板桥并没有因此而和上司斤斤计较，也不为官场失意而郁闷不乐，而是骑着毛驴悠然回到故乡，从此专注于诗、书、画。

后来他因书画而闻名于世，金农、黄慎等有名的画家都与他过往甚密，很多人达官贵人为了他的墨宝而登门造访，这些人中也包括他昔日的上司，而最终他和他的上司成为了很好的朋友。

郑板桥写过两条著名的字幅，就是流传至今的“难得糊涂”和“吃亏是福”，正是凭借着这种不怕吃亏的心态，郑板桥始终不求名利，不计得失，不但活得坦然自若，而且留下了万世美名。

吃亏与得到是比邻而居的。当生活为你关上一扇窗户的时候，势必会为你打开另一扇窗户。在生活中，一个能够吃亏的人，往往有着更加大气的格局。他们不沉陷于是非争斗、斤斤计较，也不局限在狭隘的自我思维中。

吃亏不仅是一种坦荡的人生智慧，更是一方自若的做人方式。能够吃亏的人，往往内心是简单而淡然的，他们不沉陷于是非纷争中，不局限在狭隘的自我思维中。吃亏并非是了无追求、碌碌无为，而是一种理性面对得失和追求的坦然，是一种面对索取和作为的豁然，是旁观于他人追名逐利而仍能保持宁静和明智的自若。

春秋四公子之一的齐国大夫孟尝君，求贤若渴，待人真诚，府中食客三千。其中，有一位名叫冯谖的食客，他经常一住就是两三个月，但却什么事都不做，但孟尝君每次都会热情招待他。

有一天。孟尝君要叫人到其封地薛邑讨债，问谁愿前往，可是没有人愿意前去讨债。

这时，冯谖站了出来，说：“我愿去，但是，我不知道用催讨回来的钱，买些什么东西?”

孟尝君说：“如果真的要买些东西的话，就买点我们家缺少的或没有的东西。”

众人听完孟尝君的这话，都替冯谖捏一把汗，因为孟尝君在齐国是一人之下万人之上，什么奇珍异宝没见过，什么奇珍异宝他没有呢，冯谖有什么东西能买呢？在大家的观望下，冯谖领命而去。

当冯谖到了薛邑后，看到百姓的生活十分穷困，怨声载道，他们听说孟尝君的讨债使者来了更加抱怨了。谁知，冯谖召集了全体百姓说："孟尝君知道大家生活困难，这次特意派我来告诉大家，以前的欠债一笔勾销，孟尝君叫我把债券也带来了，当着大伙的面，我把债券全部烧毁，从今以后，再不催还！"

薛邑的百姓感动得高呼万岁，纷纷称赞孟尝君的大恩大德。

冯谖回去复命，孟尝君问他："债讨回来了吗？"

冯谖回答说："不但没讨回债，而且我还把债券也给烧了。"

孟尝君大怒："什么？我的封地本来就少，而百姓还多不按时还债，宾客们连吃饭都怕不够用，所以请先生去收缴欠债。但现在你不仅没有把账收回来，居然没有经过我同意擅自做主烧毁了所有的契据？！"

冯谖平静地答道："您不是叫我买家中没有的东西吗？我已经给您买回来了，这就是'义'，这对您以后会大有好处！"

很多年以后，齐王受到秦国和楚国毁谤言论的蛊惑，解除了孟尝君的职位。孟尝君只得回到自己的封地薛邑，薛邑的百姓听说恩公孟尝君回来了，都出城迎接，坚决拥护他，誓死追随他，孟尝君甚为感动，这时才体会到冯谖良苦用心。后来，就是因为这些民心，齐王才让孟尝君官复原职。

"将要取之，必先予之"，如果想要做成一些事情，那么"吃亏"便是必不可少的。吃亏并非是了无追求、碌碌无为，而是一种理性面对得失和追求的坦然，是一种面对索取和作为的豁然，是旁观于他人追名逐利而仍能保持宁静和明智的自若。在一次次小亏的损失中，便练就了一份从容淡定的情怀。

在生活中，有三种人是不肯吃亏的：一种是肚量小的人，吃了亏就想不开，茶饭不思；二种是火气太大，吃亏后轻则破口大骂，重则大打出手，将事情弄得不可收拾；还有一种是心眼小的人，吃了亏就要睚眦必报，常常让与其共事的人怨声载道，失去人气，让自己因小失大。

以上这三种人因为过分计较得失，反而会舍本逐末，丢掉了从容淡定的姿态，损失了应有的幸福，最终是都要吃大亏的。所以，如果你是以上三种人中的一种，最好要及时改正自己，在生活中学会吃亏。

不斤斤计较于个人得失，更不会在小事上纠缠不清，而是有着开阔的胸襟和远大的抱负。如此，便涤荡了心灵，从而有了一个潇洒的转身，而人生就是在这样一次又一次洒脱地转身中，舞动出了一首精彩的华尔兹！

爱自己，是幸福的前奏

一个阳光暖暖的下午，动物们躺在草地上聊天。

“哎哟，再翻个身晒晒，”熊一边挪动着笨拙的身体，一边说道：“我真羡慕小兔子，它那么灵活，可以在草地上飞速奔跑，跑起来就像一阵风！而我却不行。”

听到熊的赞美，小兔子有些害羞了，它连连摇头，说道：“我最羡慕的是长颈鹿，它站得高，看得远。”

兔子的赞美令长颈鹿意外，但长颈鹿一直羡慕的是小猴子，于是他说：“我羡慕小猴子，它既能爬得像我一样高，也可以在地面奔跑。”

而小猴子却说：“刺猬真令我羡慕不已，它浑身都是刺，谁都不敢欺负它。”

刺猬向来胆小，它说：“我最羡慕的是熊大伯，它的胆子那么大，力气也大。”

这话令熊十分高兴，它笑了，说道：“看来我们都有不同于其他伙伴的地方，是一个与众不同的自己，我们自己都有别人羡慕、称赞的地方。所以，我们应该为自己自豪，应该学会欣赏自己。”

天地万物，任何事物都有自己独特的价值，每个人都有让别人羡慕的地方，每个人都有值得爱的地方。所以，无论你是谁，你需要时常做的一件事情就是爱自己。爱自己，就能发觉自身的优点，就有了坚定的自信心，也就有了战胜各种困难的能力。

即便鲜花和掌声都不属于你，你也要勇敢地面对这一切。告诉自己，只要努力，一切都会改变。

台湾的黄女士在出生时由于医生的疏失，脑部神经受到了严重的伤害，自幼就患上了脑性麻痹症，以致颜面、四肢肌肉都失去正常作用。她不能说话，嘴还向一边扭曲，口水也不能止住地流下，但是黄女士快乐地用手当画笔，画出了大学艺术博士学位，也画出了自己生命的灿烂。

黄女士的成就，就是一般正常人都很难达到，更何况她是一位重度的脑性麻痹患者，更何况她看起来始终是那么快乐呢？到底她有什么秘诀呢？

在一次演讲会上，有个学生直言不讳地问她：“请问黄博士，您为什么这么快乐呢？您从小身有残疾，您是怎么看待自己，有没有过别样的想法？”对一位身有残疾的女士来说，这个问题是那样的尖锐而苛刻，但黄女士朝着这位学生笑了笑，转身用粉笔重重在黑板上写下一句话：我怎么看自己？

写完后，黄女士回头冲在场的学生们笑了一下，接着又在黑板上龙飞凤舞地写着自己对问题的答案。

一、我很可爱！

二、我会画画、会写稿！

三、我的腿很美很长！

……

台下传来了如雷般的掌声……

一根青葱有它独特的味道，一棵小草也有一份新绿，一片枯叶也可化作肥料，一粒细沙也可成为建造高楼的材料……

无论别人怎么看你，你都要对自己不离不弃，相信自己，爱护自己。要知道，爱自己是幸福的前奏。如果，一个人连自己都不爱的话，又有什么资格爱别人呢？一个人，只有先好好爱自己，才能更好地去爱别人。

生活中，很多人之所以不懂得爱自己，是因为他们的眼睛总是盯着别人最出色的地方，有时，即使对方一点也不优秀，他们也会找出一些别人有，而自己没有的优势去欣赏别人，从而忽视了自己的美丽，这样只会让自己更加痛苦。

我们要学会爱自己，重视自己，不论自己长得美还是丑，也不论自己活得伟大还是渺小，都要好好地爱自己。因为你就是你，别人再美，再优秀，那都是别人，你只有重视自己，爱自己，才能活得更快乐。

君子爱财，取之有道

鲁国人公仪休很喜欢吃鱼，当了鲁国的相国后，很多人送鱼给他，但他都一一婉言谢绝了。

他的学生问他："先生，你不是很喜欢吃鱼吗，别人把鱼给你送上门来，你怎么又不要了呢？"

他回答说："正因为我爱吃鱼，才不能随便收下别人送的鱼。如果我经常收受别人送的鱼，就会背上徇私受贿之罪，说不定哪一天会免去我相国的职务，到那时，我这个喜欢吃鱼的人就不能常常有鱼吃了。现在我廉洁奉公，不接受别人的贿赂，鲁君就不会随随便便地免掉我相国的职务，只要不免掉我的职务，就常常有鱼吃了。"

所谓"君子爱财，取之有道。"公仪休不接受别人的鱼，是因为他有自己的立身原则，他不会为了蝇头小利，铤而走险而沦为别人的奴隶，最终使自己想吃鱼而没有鱼吃。有的歪生意尽管获利颇多，却是把人引入歧途的职业。一个人在社会上生存，要想洁身自好，首先要选择一份能够让自己洁身自好的基业。

歪门生意总是见不得阳光的，歪门生意所担的风险远比一般生意大得多。更重要的是，人一旦尝到歪门生意的甜头，就不愿意再下笨工夫，把心思放在踏踏实实的正常生意的经营管理上了。而歪门生意终究不能大张旗鼓地做，从长远来看，真正想成大器者，还是正正经经做人，堂堂堂正正赚钱好。

一个人几经拼搏，尽管其事业成就令人瞩目，但如果这项事业本身就是沾满污点的，也不会真正值得人们敬仰。做没有良心的事遭人唾弃，做没有良心的“事业”更为人所不齿。而当做事业的人已丧失良心和仁义，失去尊严与自重，不管以前“事业”多么荣耀和光彩，人们一旦想起那些无良的作为，他们的“事业”注定从根子上是失败的。

有一个富翁背着许多金银财宝，到处去寻找快乐，可是找了很久都未能找到他想要的，于是他沮丧地坐在山道旁。

一个农夫背着一大捆柴草从山上走下来，富翁拦住农夫问：“我家财万贯，衣食无忧，请问，为何我没有快乐呢?”

农夫放下沉甸甸的柴草说：“你想要快乐？很简单，放下!”

富翁茅塞顿开：自己背负那么多的珠宝，老怕被人暗害，珠宝被别人抢，整日忧心忡忡，快乐从何而来?

于是富翁将珠宝、钱财救济穷人，在他看到那些穷人快乐地生活时，他从中尝到了快乐的味道。

金钱对我们充满了诱惑，这些诱惑带给我们满足的同时，也给我们带来了烦恼和不快。放下对金钱的执著和诱惑，很多时候，我们得到的不仅仅是心灵的宁静，也会获得真正的快乐。

世界上第一个不使用氧气登上珠穆朗玛峰的人，当他下山后，别人问他成功的秘密是什么，他郑重其事地说：“这没有什么秘密，我知道大脑是一个重要的氧气源，科学家告诉我们，各种思想在大脑中相互撞击时竟要消耗我们吸入全部氧气的40%，所以，为了减少对氧气的消耗，我只有向前这个念头，至于其他的任何想法我都把它们从脑子里抛掉。

没有任何的杂念，我就等于放下了一个背在身上的巨大的包袱，轻松地向前。这就是我成功的全部秘密。”

尼尔·唐纳·沃许在《与神为友》一书写道：“我不会‘抓紧’任何我拥有的东西！我学到的是，当我抓紧什么东西时，我才会失去它，如果我‘抓紧’爱，我也许就完全没有爱，如果我‘抓紧’金钱，它便毫无价值，想要体验‘拥有’任何东西的唯一方法，就是将它‘放掉’！”

放下对金钱的盲目追求和崇拜吧，假如你真的想要拥有它。当我们把金钱之心真的放下，我们所拥有的财富往往会超乎我们的想象。

花看半开，酒饮微醉

一天，森林之王狮子来到了天神面前，向他表示：“天神啊，你赐给我雄壮的体格和强大的力气，但是，我每天清晨却要被鸡打鸣的声音吓醒。万能的神，请您再赐给我一种能力吧，让我不会被鸡的叫声吓醒。”

天神一笑：“你去找大象吧，它会给你一个满意的答复。”

狮子迈着大步兴奋地跑到湖边找大象，大象好像很不高兴，气呼呼地跺着脚，把地面震得“砰砰”响。

狮子问大象：“谁得罪你了，让你发这么大脾气？”

大象难受地摇晃着大耳朵，低吼道：“有只讨厌的小蚊子，总想钻进我的耳朵里，害得我快痒死了。”

狮子怔忡片刻，想到：“体型如此巨大的大象，竟会被瘦小的蚊子骚扰到无可奈何，真可怜。相比大象，我有什么好抱怨呢？我每天只需忍受一次鸡鸣，而蚊子却时刻骚扰着大象，我应该知足啊！”

漫画家朱德庸说：“如果你是一个知足的人，一粒沙子的幸福也会像得到一颗星球那么大。如果你是一个贪婪的人，一整颗星球的幸福也只会像得到一粒沙子那么小。”这个世界上没有谁是完美的，再厉害的人也有缺憾，在有缺憾的人生中，只要我们学会知足，就能感受到许多快乐。

中国有句俗话叫“知足常乐”，亚圣孟子说“养心莫善于寡欲”，两者皆是劝导人们要清心寡欲，懂得知足才能时常感受到快乐。弘一法师李叔同先生曾写过这样一副对联：“事能知足心常惬，人到无求品自高。”意思是说，是人都会有欲望，因为贪欲太盛，所以很多人感到不快乐。想要快乐就要学习知足，知足是快乐的源泉，如果想要的太多，反而会更不快乐。

大磊在读中学的时候，就曾幻想长大后要娶一位温柔善良、美丽多姿的女子为妻，还希望自己未来的妻子要有长长的乌黑的秀发，漂亮的如一汪碧水的眼睛，小巧而又笔挺的鼻子；并且能歌善舞，能弹奏出优美动人的琴声。

很快，大磊上大学了，毕业了，工作了，结婚了。他的妻子的确是一位温柔善良的女子，但却算不上美丽多姿。她有长长的乌黑的头发，但不够柔顺；她有一双如碧水般的眼睛，但不够漂亮；她有一只小巧的鼻子，但不够笔挺。而且，他的妻子只会做饭、做家务，不会唱歌、弹琴和跳舞。大磊觉得妻子的一切和自己曾经的幻想大相径庭，若不是年龄到了，他或许不会娶她。

一次，和老同学喝酒，聊起学生时期的梦想时，大磊满面惆怅地说：

"我太倒霉了。"老同学不解，为他何出此言。

大磊回答："因为我的妻子和我之前想象的不一样。"

老同学惊讶不已地说道："你为什么这么不知足？你的妻子温柔又贤惠，虽说不上有多漂亮，但很清秀，况且她还做得一手好菜，我每次去你们家吃饭，都吃得不亦说乎。别说哥们儿不理解你，是你身在福中不知福。"

这番话一下子点醒了大磊，他恍然大悟，自己的妻子一点都不差，是自己太执迷于曾经自己的幻想了。从那之后，大磊对自己的妻子越来越温柔了，还时常带妻子参加朋友们的聚会，如今，他每一天都被浓浓的幸福感包围着。

有些人感到不快乐，是因为他们觉得现实生活没有自己幻想中的好。年少时，每个人都对自己未来有很多幻想，幻想有一个体贴能干的丈夫、有一个温柔贤惠的妻子、一个温馨甜蜜的家庭、一份快乐有趣的工作。然而，幻想就是幻想，它和现实终归是有差距的。如果我们因为幻想而对现实生活有诸多不满，就等于是自己给自己添堵。

有些人明明已经拥有别人所羡慕的幸福生活，却仍然不快乐，他们的目光始终注视着更远更高的地方，希望自己能够更加完美，而一旦无法达到，内心就感到委屈，并且整日郁郁寡欢，这些人的不快乐就是不知足所致。

一直活在幻想中，不知道满足，只能为自己平添烦恼。其实，人的一生并不需要太多物质上的东西，多了反而成负担了，就如美食，吃一点会感到快乐，吃到胀肚就变成痛苦了，正所谓"花看半开，酒饮微醉，此中大有佳趣。

小事随意，大事随风

一位美术大师即将出国，可让大师的朋友们担心的是，这位大师不会任何一句外文，不会听不会写不会看，朋友们恰巧全都有事在身，不方便去陪他。

大家正在担心，却发现大师本人丝毫没有将这件事放在心上，只请几个朋友帮他写几张纸条。后来，大师去了法国、德国、英国等欧洲国家，每到一个地方，他缓步走在大街上，遇到人就拿出一张纸条，上面写着："我是xxx，是一位中国画家，来贵国访友，不慎迷失。希望能够得到您的帮助，将本人送往以下地址，十分感谢。"下面就留了详细地址。

外国人看到这位画家一表人才，气质超群，全都不敢怠慢，将他送往想去的住处。大师靠着几张小纸条，在人生地不熟的国外来去自如，这种境界让朋友们自叹不如。

我国古代的庄子曾倡导一种"心斋"，希望人们经常保持一种心境上的澄明状态，面对大风大浪，能够保持安稳，不把大事当做大事。其实世间的事细细想想，什么是大？什么是小？什么是获得？什么又是损失？所有判断都来自于我们的内心，内心觉得满足，世界就是积极的、正面的；内心充满怨怼，就觉得身处的地方危机四伏。所有的人都可疑，所有的事都让人厌倦。这样的人把困难无限扩大，既不愿面对自我，也不愿面对环境。

一个不懂外语的画家自由自在地漫步在国外街头，没有迷路也没有发生意外，他凭借的仅仅是几张写了住址的小纸条。每个被他求助的人都被他眼中的坦荡和自信折服，心甘情愿地将他送往目的地，因为每个人都希望接近特别的人，想从他们身上得到一些日常生活中欠缺的能量和启示。和这样一个人同行，本身就是一种独特的体验。

慎独者处世谨慎，他们考虑的事情比别人更多，但考虑不是顾虑，两者区别极大。前者缩手缩脚，后者成竹在胸。在顾虑重重的人看来，人生随时都有困难，随时都会遇到麻烦，他们相信任何事只有在有万全准备的情况下才能做，而对于那些处变不惊的慎独者来说，任何困难都可以克服，任何麻烦都能化解。他们并不以为自己是超人，而是能够站在相对超然的角度，相信任何大事都能大事化小，只要努力，转机与幸运都会出现。

大事如此，小事更是一样。心态良好的人不会为大事惊慌，更不会为小事计较，在他们看来，将小事放在心里反复想反复思考，浪费的是大好的生命，他们更愿意用这个时间做些更有意义的事。

一位教授在一所大学讲授近代文化选修课，教授学识渊博，人也温和，课堂上从不点名，很多学生借机逃课。大大的阶梯教室经常只坐几十个学生，教授依然讲得很起劲。

学期末的时候，教授说到考试要写的论文题目，询问在座的学生，学生们面带微笑，都不说话，教授再三询问才知道，这些学生并没有选这门课，只是听闻教授讲课好，每周过来旁听，教授听了呵呵大笑，对他们说："原来各位是来旁听的，谢谢各位捧场！"

这位教授知道自己的课没人听并不恼怒，反而向学生道谢，如此胸襟，自然名气越来越大。

几年后，教授的选修课堂人满为患，连那些真正选了课的学生都常常抢不到座位。

真正有学识的人不会在乎他人的肯定，就像真正的富翁不屑于把名牌商标露在外面。讲授近代文化的教授相信自己的能力，也就不在乎究竟有多少人选他的课，又有多少人愿意听他讲课。这种胸襟正是名师风范，让学生们向往不已。他们终于明白，不去听课并不是教授的损失，而是自己的损失——平庸者看他人，慎独者做自己。

生命是一个努力的过程，很多人希望有一个相对理想的结果，但很多时候，努力到一定程度，就变成了一种难得的体味和享受，这个时候，结果就变得不那么重要。就像一朵花即使没能结出硕大的果实，它依然美丽过。

清风吹过山冈响起回声，或者明月照在大海上一望无边，都是坦荡，它们不会注意一块山石，所以不会被绊住脚；不会留意一个小小的波澜，所以不会被颠簸；一个人如果能认清自己，清楚自己要做的事，就会像山间松风、海上明月一样平和，把大事化小，把小事化无，任何时候都能坦荡从容，进退有度。

第5味　喜乐：看花开赏岁月，让忧愁去漂流

如果，花开了一定会凋谢，那就把落红静静地埋葬。如果，风停了，梦就会醒，那就悄悄记住梦的味道。如果，我们已经落了泪，却依旧悲伤，那么，就微笑吧。让悲伤插上翅膀去流浪，让快乐驻扎在空荡的心房。

再见了，悲伤

有一位妇人，她在上街的时候，不小心丢了一把雨伞。就因为这一件小事情，她一路上都十分懊恼，还不停地责怪自己，怎么如此的不小心。

等她回到家之后，才发现由于自己太专注于已经丢失的那把雨伞，最后在仓促与不安中，又不小心把钱包给弄丢了。

一位哲人这样说过："未来的种子也深埋于过去的时光里，如果你不能正视自己的过去，很难让你的现在和未来开花结果，这可能会导致更多更大的不幸。"过去的事情消失在流逝的时光里，你是再也找不回来了，它仅仅代表你生命中流逝的部分，并不代表现在，更不能代表未来。所以，我们无须沉浸在过去的悲伤里。

过去的已经过去了，已经不能挽回了，我们现在能做的只是和那些悲伤说再见，然后好好地活在当下。要知道，明天又会是全新的一天，过去无法在你的现在里生存。

保罗博士是美国纽约市一所著名中学的教师，他在任教期间发现这样一个问题：班上的有些学生平时看起来很用心，但是却总是考不出好成绩。

为此，他就对这些学生展开了调查，发现这类学生经常会为过去的成绩而感到不安，他们经常生活在过去的阴影里，只要有一次考试失败，他们就会生活在自责之中，以致影响了下一步的学习。有的学生甚至从交完试卷后就开始为自己的成绩忧虑了，总担心自己不能及格。为了开导这类同学，保罗博士给他们上了这样一堂难忘的课。

有一天，保罗博士把这类学生召集到实验室，在给他们讲课的过程中，无意间就把一瓶牛奶放在室验桌上。下面的学生们很是不明白这瓶牛奶与自己所学的课程到底有什么关系，只是静静地听着他在讲课。忽然，保罗博士就站了起来，一巴掌将那瓶牛奶打翻在地上，并大声喊道："不要为打翻的牛奶哭泣！"

课堂上的同学都震惊了，但是保罗博士却叫所有的学生都过来，并围拢到洒满牛奶的地方仔细观察那破碎的瓶子与淌着的牛奶。博士一字一句地说："你们仔细看一下，现在牛奶已经淌光了，无论你再抱怨、再后悔都没有办法去取回一滴。你们要是在事前想一些预防的措施，那瓶牛奶还可以保住，但是现在却晚了。我们现在唯一能做的就是尽快地将它忘掉，然后注意下一件事情。我希望你们永远能够记住这个道理！"保罗博士的这些表演，使所有的学生学到了课本上从未有过的人生道理。

我们不要沉浸在过去的悲伤里，过去的已经成为历史，你可以设法改变以前所发生事情产生的后果，但不可能改变之前发生的事情。唯一能使过去的事情成为有价值的办法就是，以平静的心态分析当时自己所犯的错误，然后从错误中吸取到教训。

有句话说得好：我不能左右天气，但是我可以改变心情；我不能改变容貌，但是我可以展现笑容；我不能控制他人，但是我可以掌握自己；我不能样样胜利，但是我可以事事尽力；我不能决定生命的长度，但是我可以控制生命的宽度；我不能改变过去，但是我可以利用今天。

也许很多人会说，过去对我的伤害太大了，我无论如何也忘掉不了过去。不，你可以忘掉的，只需要转变一下当下的心态。你可以静下心来这样想：正是因为过去的不幸，才让自己学会了满足于当下的生活。当时的痛苦都已经承受下来了，难道你还没有勇气去面对当前的生活吗?

“何必眉不开，烦恼无尽时，一切命安排，当下最优哉。”亲爱的朋友们，和过去的所有悲伤说再见吧，活在当下，心存感恩，生活就会过的安然而又超脱，也就到达了人生的另外一种境界。

唤回失落的童心

“花儿为什么会开?”这是一名幼儿园老师出给小朋友们的题目。

“标准答案”是：因为天气变暖和了。

而孩子们的声音是：

“花儿睡醒了，它想看看太阳。”

“花儿一伸懒腰，就把花朵给顶破了。”

“花儿想伸出耳朵听听，小朋友在唱什么歌。”

……

幼小的心灵之所以幻想无边，是因为他们不受拘束。也许，我们也曾经有过这样多彩的答案，也曾经幻想着把它保留下来，但随着生活中一个个无情而醒目的大叉在诸如“阳光很活泼”“雪化了是春天”上印下，多边形也就都变成了没有棱角的圆。

如果现在的你听到这样的说法都会因为觉得生动而感慨的话，那么也许，童心真的正在离你远去。但同时，别悲伤——心会动，就说明它还是鲜活的，还有唤回童心的希望。

梁启超说过："老年人常思既往，少年人常思将来。惟思既往也，故生留恋心；惟思将来也，故生希望心。"思想的负担减轻了，心灵的压力也就释放了。然后，才会有轻装上阵的动力，和对未来的憧憬。

"少年之思"再回归到本初，便是童言无忌，童心无讳，而有的全是真实和客观。当为生活忙碌而感到不堪重负的时候，不妨唤回最初的那颗质朴而纯净的童心。它会让你远离喧嚣，静静地听到来自心底的声音，在自然中享受简单，一切便返璞归真。

有人说："孩子就像是被折断翅膀的天使，他们降临人间就是给人们带来快乐"。有时候我们真很羡慕小孩子，他们什么都不用想，每天只想如何让自己快乐的生活。和他们在一起会感到自己也觉得自己变小了，有时候还想回到那天真的童年时代，那时候真的很幸福。

在这个世界上，我们唯一不用努力就能得到的只有年龄，随着我们年龄不断增长，童年的时代也渐渐离我们远去。虽然，我们无法阻挡童年的远去，也不可能让我们再回到童年，但是我们可以保持一颗童心。

"你必须保持童心。"说这话的，是那个从小被老师骂为"差生"、那个当年大胆创办《童话大王》的"童话级人物"郑渊洁。在20多年的创作生涯中，尽管也曾遭到非议，但郑渊洁始终都保持着一颗不泯的童心。

郑渊洁爱狗是出了名的，他的著名童话作品《大灰狼罗克》便是以他的第一条爱犬为原型创作的。为此，他特意把家从城里搬到了远郊。有次应朋友之邀去客串电视剧，一场哭戏怎么也过不了，不是表情做作就是没有眼泪。情急之下，郑渊洁想起了之前死去的一条爱犬，一下子就难过得不行，失声痛哭，等镜头拍完了都停不住。

在和别人交流养犬经验时，郑渊洁还介绍说："我们家狗吃的狗粮我都要亲自尝一尝，咸味食品对狗的健康特别不好，但是狗都喜欢吃带咸味儿的食物，有的黑心狗粮厂家就往狗粮里掺盐，所以我喂狗之前自己必须要确定这狗粮不咸。"

他认为，保持童心似乎不是一件可望而不可及的事情，成长的历练和岁月的侵蚀是不会带走人的好奇心和童真心的。他曾说："我的想象力和童心似乎永远不会枯竭，因为这些都来自于广博的生活之中。在生活中，像加油、验车这样的日常琐事我全都自己去做，不找别人替代，因为我要接触真实的生活。我有来自各行各业的很多朋友，我也可以从这些朋友身上观察生活。"

的确，大多数人都会把"无忧无虑""快乐"这样的词语和童年所联系，那时的纯洁、天真和欢笑是那么的令人怀念。

长大以后，生活变得复杂艰辛，忙忙碌碌占据了时间的大部分，生活在千篇一律的轨道中度过。闲暇越来越少，越来越繁重，连微笑都成了奢侈品。我们一个人孤独地站在这个世界上，端着架子，想着票子，还要梗着脖子。奋斗到最后，有可能还会无奈地发现，一直以来苦心经营、孜孜以求的，竟不是我们真正想要的生活。

唤回我们失落的童心吧。我们的生命是短暂的，时间是宝贵的，在我们的人生中，不可能什么事情都能顺我们的心意，只有童心才能减轻我们的肩膀上沉重的包袱，也只有童心会令我们拥有最开心的笑容。

快乐根植于单纯

当你想开怀大笑的时候，你紧憋着不敢笑出声来；

当你感到伤心郁闷的时候，你又强忍着眼泪，没让它掉下来；

当你看见一位老人跌倒在路边，你视而不见，因为你在想：一定又是一个讹人的骗局；

当你从一位衣衫褴褛的乞丐旁走过，你没有丝毫的停留，因为你在想：等他收工了，指不定会去哪里大吃大喝。

你说生活本就是这样复杂，而你只不过是多了一个心眼。

可是，你有没有想过，因为这个心眼，那个老人可能就永远站不起来，那个乞丐或许又要挨饿地度过一晚？

你说心里充满了忧郁，可你有没有想过那些忧郁源自哪里，或者说它们到底存不存在？

你标榜自己感情丰富，而你的感情又是针对什么呢？自己、朋友、家人，还是对生活？

你解释说，这都是因为自己长大了，不能再像以前那么幼稚了；应该多思考，思考生活，思考一切。

可是，别人都在欢笑，而你却一直保持严肃的面容，一个人呆坐在角落。

大文豪托尔斯泰说过：“没有单纯、善良和真实，就没有伟大。”单纯是一种简单而纯真的关系。它的意义在于萌动心灵的意识，用单纯的心去接近生活中复杂事物的真实层面。正是这样一种渴望和祈求，创造了人性纯真而朴实的爱，让我们感受到一种淡然而脉脉滋润着的快乐。

往往，思想和行为的过度倾向只会减损快乐，掩蔽基本价值。快乐来自于心中有爱，有信仰和希望，这些都是人性最本初的质朴。所以可以这样说，快乐根植于单纯。保持一颗单纯的心，于事，专注踏实；于人，友善真诚。在现实生活中显现出一种至纯至简的情怀，驶往人生幸福的彼岸。

生活，其实很简单，变得复杂的，是我们的内心。就像一面镜子，我们心里装着什么，折射出来的世界就是什么样子。当我们用内心的狭隘、怀疑甚至卑劣等邪恶的品质搅扰着内心的纯净时，心灵便滑向了黑暗的深渊；相反，当心中充满了善良、真诚、仁爱、责任等美好品性时，蒙蔽心灵的阵阵烟雾就会渐渐散去，我们便实现了人格的升华和心灵的澄净。

一个年轻人在森林中探险的时候，突遇一只老虎。老虎饥饿的眼神告诉他，即使不一定能跑得过老虎，但除了拼尽全力逃离之外，他别无选择。最后，老虎的穷追不舍，把他逼到了一个断崖边上。

俯瞰悬崖下，年轻人想：与其被老虎活活咬死，还不如跳下悬崖，说不定还有一线生机。于是便纵身一跳。然而人在半空中却停住了，睁眼一看，自己被挂在了一棵长在悬崖边的梅树上，树上结满了梅子。

年轻人如获重生，喜从心生。正在这时，一声闷雷似的吼声从他脚底下的断崖深处传来。他用余光一瞥，一只凶猛的狮子正在崖底踱来踱去地抬头望着他。

年轻人刚放下的心瞬间又提到了嗓子眼儿，更不妙的是，他的耳边传来了一阵窸窸窣窣的声音：一黑一白两只老鼠正在用力地咬着梅树的树干。

他惊慌得几乎颤抖起来，这让本来就不怎么壮实的树干也跟着晃动。这时，年轻人转而一想：既然已经这样了，我不如不要这么紧张；万一没被摔死、咬死，反而倒被吓死了，那岂不是太亏了？

这样一想，年轻人真的就慢慢平静下来了。没过多久，情绪平复的他感到肚子有点饿了，看到手边的梅子长得正好，便顺手摘了一些吃起来，他甚至感到自己从来没吃过那么酸甜可口的梅子。吃完后，困意渐浓。年轻人心想：反正迟早都是死，还不如现在趁着死之前好好睡上一觉呢。于是，他闭上眼睛，在一个三角形的枝丫上沉沉地睡去。

不知过了多长时间，等他睡醒后再次睁开眼睛的时候，他甚至都有些不敢相信自己观望到的：黑白小老鼠不见了，老虎、狮子也不见了。最终，年轻人顺着树枝，小心翼翼地攀上悬崖，脱离了险境。

原来，就在他睡熟的时候，饥饿的老虎按捺不住，跃下悬崖。两只小老鼠听到老虎的吼声，都惊慌而逃。跳下悬崖的老虎与崖下的狮子经过激烈打斗，也都双双负伤而遁。

人生之初，苦难与死亡就已经注定要去面对：苦难就像一只饥饿的老虎，或尾随或追赶；死亡如同一头凶猛的狮子，一直在悬崖的尽头等待。而白天与黑夜，就像一白一黑两只老鼠，不停地啃噬着我们暂时栖身的生活之树，直到总有一天我们会跌入狮子的口中。

既然对生命最坏的结果已了然于胸，那么剩下要做的，便是在此之前的过程：安然享受树上甜美的果子，然后平静地睡去。怀着这样一颗单纯的赤子之心，我们在起点与终点之间的生活过程才会健康而美好。

只有去除内心的负担，我们才能拥有宽阔的胸襟和健康的心态。当摒弃内心的一切杂念，以豁达之心、纯简之态去看待世事仁人，我们便会让他人感受到一种理解和关心，同时也获得了自身心情的愉悦和灵魂的升华。

很多时候，负累在心灵上的包袱都是我们的“智慧”创造的。要想活得轻松，并实现内心的欢愉和安宁，不妨单纯一些、愚钝一些，用简单纯洁的眼光和善良慈爱的天性去填充心灵的空间。要记得，快乐植根于单纯，我们越是单纯，想得越是简单，我们获得的快乐也就越多，我们的人生也就越纯粹，越快乐。

快乐，因心而生

从前，一位叫佛斯的小和尚，由于经常在佛陀面前犯错误，所以，佛陀就用一些方法来惩罚他。

佛陀让他遭受永无止境的苦役——将一块块巨大的石头从奥林匹斯山下徒步推到山顶，但当巨石被推到山顶的时候，它又会自动地滚落到山下，如此，周而复始。这就意味着佛斯和尚永远也不能完成这份任务，永远都要单调地重复令他十分苦恼的苦役。

突然有一天，当佛斯小和尚正全力以赴做这项工作，并全身关注地观察自己的每一个动作时，他忽然间发现自己搬动巨石的每一个动作是那么优美，那么和谐。于是，他满意地欣赏并专注地观察着自己全力以赴的每个动作，忽然间他的内心产生了一种尊贵、满足与快乐感，于是，他内心所有的苦恼、疲惫、绝望统统消失得无影无踪……

佛斯小和尚全身心地欣赏且享受着这份苦役，于是，他又不再抱怨和焦虑了。正在他欣赏自己每一个动作的美感时，奇迹便在他身上发生了，诅咒在一刹那间解除，巨石也不再滚回山下，佛斯小和尚也从永无止境的苦役中获得了自由。

快乐，因心而生。佛斯先后做的是同样的事情，但是由于不同的心态，所取得的结果也是不同的。当他将推石的动作当做是一种苦投，心中就充满了烦恼、痛苦和绝望；当他将推石的动作当做是一种优美的动作时，心中便充满了满足与快乐，最终也获得了自由。

曾经，科学家对人的忧虑进行过科学的量化统计。结果发现，几乎100%的忧虑是毫无必要的。统计显示，40%的忧虑是关于未来的事情；30%的忧虑是关于过去的事情；22%的忧虑是来自微不足道的小事；4%的忧虑是来自我们改变不了的事实；剩下的4%的忧虑是来自那些我们正在做着的事情。

快乐是因心而生的，困扰也是因心而生的。所以，每当唉声叹气、忧心忡忡的时候，不妨把我们烦恼忧愁的具体事件写下来，然后按照上述科学家的发现为自己的困扰归类，看看它是属于哪一个部分里的。最后很可能连我们自己都感到可笑而费解：当时为什么会被这样的事折磨得死去活来？真是没有必要。

年迈的约翰·艾弗里有两个可爱的儿子，大儿子杰西平时就十分悲观，总是很沮丧的样子；二儿子亚德却十分积极乐观，每天都乐呵呵的。所以，约翰·艾弗里平时为了能让杰西快乐起来，就对他十分偏爱。

在圣诞节来临前，约翰·艾弗里分别送给他们两个人完全不同的礼物，在夜里悄悄地把这礼物挂在圣诞树上。第二天早晨，哥弟俩都起来了，想看看圣诞老人给自己的究竟是什么礼物。哥哥杰西的礼物很多，有一把气枪，有一双羊皮手套，还有有一辆崭新的自行车和一枚漂亮的足球。哥哥将自己的礼物一件一件地取下来，但是他内心却并不高兴，反而忧心忡忡的。

父亲见状，就问他："这些礼物你都不喜欢吗?"杰西拿起气枪说："看吧，如果我拿这支气枪出去玩，说不定会打碎邻居家的玻璃窗，这样一定会招来一顿责骂。这一双羊皮手套很暖和，但是说不定我戴着出去会挂到树枝上，这样一定会生出许多烦恼；还有，这辆自行车，我骑出去倒是能玩得高兴，但说不定会撞到树干上，会因此而受伤。而这颗足球，我终究是要把它踢爆的。"父亲听到此，没有说话就出去了。

刚出门就看到他的小儿子亚德除了收到一个纸包外，什么也没有。但是，当他把纸包打开后，不禁哈哈大笑起来，一边笑，一边在屋子里到处寻找着什么。父亲问他："你为什么这样高兴?"他说："我的圣诞礼物是一包马粪，咱们家一定会有一匹小马驹。"最后，亚德果然在家里的屋后找到了一匹小马驹，很是兴奋地跳起来。随后，父亲也跟着笑起来："真是一个快乐的圣诞节啊!"

其实，许多事情都是这样，乐观的情绪总会给人带来快乐，而悲观的心理则不管他得到什么，都不会快乐。所以，悲观者之所以悲观，是自己酿造的苦酒，怨不得周围的任何人与事。快乐也来自于我们的内心，它并不是非要借助于外物就能够得到。

同样的，在现实的生活中，我们内心的许多忧虑往往并不是起源于外界的危险信号，而是源于我们内心的非理性想法。我们总是担心疾病、担心车祸、担心失业，但是实际上这些都只是我们内心的想象而已。

在这背后，隐藏着你这样的一个想法："生活必须是平安的，并且要按照我希望的方式进行，而不要有太多的麻烦和困难，如果不是这样，我可就无法忍受了。”你要知道，你这样去烦恼，是不能改变任何事实的。

快乐也是一天，悲伤也是一天，与其烦恼地过，不如快乐地活。而快乐与悲伤都是由我们内心所生，我们要想获得快乐，就应该尽早地摈除内心的烦恼和痛苦，把内心的阴郁的情绪打扫干净，让自己快快乐乐地过完当下的时光。

不要怕，让一切由他去吧

夜很深了，一位富商不停地在床上翻来覆去，他的妻子就劝慰道：“睡吧，别胡思乱想了。”

“噢，老婆啊，”富商说，“一个月前我向邻居借了一笔钱，明天就是还钱的日子了。但是你也知道，我们现在哪有钱啊！你也知道，借给我们钱的那些邻居们简直比蝎子还狠毒，我要是还不上钱，他们绝对是饶不了我的。你说现在我还能睡得着吗？”

妻子看他焦虑的样子，就试图想让他放宽心，劝道：“睡吧，你这样忧虑，明天就能够把钱还上吗？不会！你这样不是在折磨你自己吗？”

“不行呀，从哪里弄来钱呢？真是没有一点办法啦！”丈夫大声地喊叫着。

见到丈夫还是不听劝，妻子终于忍耐不住了，她起身爬上房顶，对着邻居家高声地喊叫道：“你们知道，我丈夫欠你们的债务明天就到期了。现在我告诉你们：我丈夫现在没有钱还债！”然后就跑到卧室，对丈夫说："这回睡不着觉的应该是他们了。"

富商为明天的债务产生的忧虑，邻居为明天富商还不上债务所产生的忧虑，他们这样忧虑是不能改变任何明天的任何状况的。正如富商妻子所说，为明天的事务所忧虑纯粹是在折磨自己。

著名诗人安瓦里·索赫利在其诗中这样写道："让世俗的万物从你的掌握之中溜走，不必去忧心，因为它们没有价值；尽管整个世界为你所拥有，也不必高兴，尘世的东西只不过如此；我们该从自己的心灵之中找归宿，快一些，无物有价值。"

世界的万物都是过烟云烟，我们无须为所有无价值的东西去忧虑，活在当下，寻求当下的快乐才是生命永恒的真谛。但是，现实生活中，很多人却不懂得这个道理，整日让无谓的忧虑去缠绕自己的内心。

这是一件发生在"二战"时期真实而富有戏剧性的事情，讲述者正是故事的主人公——罗勃·魔尔。

"1945 年 3 月，我在中南半岛附近 276 英尺深的海下，学到了一生中最重要的一课。

当时，我正在一艘潜水艇上。我们从雷达发现一支日军舰队——一艘驱逐护航舰、一艘油轮和一艘布雷舰——朝我们这边开来。我们发射了三枚鱼雷，都没有击中。

突然，那艘布雷舰冲着我们直愣愣地开来。（一架日本飞机，把我们的位置用无线电通知了它）我们潜到了 150 英尺深的地方，以免被它侦察到，同时做好了应付深水炸弹的准备。同时还关闭了整个冷却系统和所有的发电机器。"

"3 分钟后，天崩地裂。六枚深水炸弹在四周炸开，把我们直压海底——276英尺的地方。深水炸弹不停地投下，整整15个小时，有十几、二十个就在离我们五十英尺左右的地方爆炸——若深水炸弹距离潜水艇不到17英尺的话，潜艇就会炸出一个洞来。

当时，我们奉命静躺在自己的床上，保持镇定。我吓得无法呼吸，不停地对自己说：这下死定了……潜水艇里的温度几乎有100多度，可我却吓得全身发冷，一阵阵直冒冷汗。

15个小时后，攻击停止了，显然那艘布雷舰用光了所有的炸弹后开走了。而这15个小时，在我感觉好像有1500万年。我过去的生活在眼前一一出现，我记起了做过的所有坏事和曾经担心过的一些很无聊的小事：我曾担忧过，没有钱买自己的房子，没有钱买车，没有钱给妻子买好衣服。下班回家，常常和妻子为一点芝麻小事而吵架。我还为自己额头上一个小疤——一次车祸留下的伤痕发过愁。

多年之前那些令人发愁的事，在深水炸弹威胁生命时，显得是那么荒谬、渺小。我对自己发誓，如果我还有机会再看到太阳和星星的话，我永远不会再忧愁了。

在那15个小时里，我从生活中学到的，比我在大学念四年书学到的还要多得多。"

在重新审视过那些困扰过我们的事情后，会惊奇地发现一个"怪象"：人们往往都能很勇敢地面对生活中那些偌大的危机，却常常被一些琐碎的小事搞得垂头丧气。如此而言，当我们再次被所遇到的"困境"搅得团团转的时候，请静下心来告诉自己这样一个事实：生命太短促——眼下的这件事真的值得我丢不开放不下吗？

当我们一无所有，什么都想得到的时候，我们每天都在企盼着将来能够拥有这些东西；而当我们通过自己的努力获得一切的时候，不免会害怕有一天一切将化为乌有。其实，世上没有任何事情是值得你忧虑的。你可以让自己的一生都在对未来的忧虑中度过，但是你要知道，无论你多么忧虑，甚至抑郁而死，那也无法改变现实。

在日常生活中，你是否也有这样的经历：夜很深了，你的心中总是缠绕着无尽的忧虑，似乎全世界的重担都压在你的肩膀上。如何才能赚更多的钱？怎样才能得到一份薪水更高的工作？如何才能拥有属于自己的一套住房？你脑中有如此一串串的烦恼、难题与亟待要做的事在那里滚转翻腾！

你开始意识到，真该休息了，不然明天又该迟到，这个月的奖金又没了。你开始有意识地控制自己，但是最终这些一串串的思绪还是东飘西荡地翻滚起来：明天的粮食会不会涨价？明天上班该穿哪一件衣服？你这一夜仿佛真的无法入睡了！

其实，你要想睡得安稳，只要采用一种极为简单的方法就好。对自己说：不要怕，一切由它去吧。对自己说的同时，心里也要这样想，将心中的恐惧、烦恼、仇恨、不安全感、内疚、悔恨与罪恶感从心中腾空，这样才能获得内心的平静。心灵上获得了平静，也就意味着人体味到了生命的真谛。

只有一个柠檬，那就做杯柠檬水吧

在某个偏僻的小村庄里，住着一对清贫的老夫妇。他们决定把家里唯一值点钱的那匹马拉到集市上卖了，好换点有用的东西。

这天一大清早，老头牵着马出了家门，往集市上赶去。刚到集市上，老头遇到了一个卖猪的商人。商人看老头老实巴交的，又很喜欢那匹马，便欺骗老头说自己的猪就要生猪仔了，可比马值钱多了，老头信以为真，用这匹马和商人换了一头母猪。

见老头这么好骗，集市上的人们都开始打他的主意了。结果，老头又用母猪换了一只大狗，再用大狗换了一只母鸡，最后用母鸡换了别人的一大袋烂苹果。

在回家的路上，老头遇到了一个人。闲聊中老头把自己赶集的经过详细地说了一遍。这人听后，无奈地说："你可真傻，你被那些人给骗了，你回家肯定会挨老婆骂。"老头也知道自己上当了，但是他却坚称老婆绝对不会生自己的气。

事实证明，老头真的是太了解自己的老婆了。老妇看到老头回来后非常开心，她饶有兴致地听老头讲述赶集的经过，每听老头讲到自己用一样东西换了另一样东西的时候，她都没有丝毫抱怨，而是充满了钦佩："真好，我们可以养一窝小猪！"、"有狗看门也是很好的"、"我们可以每天吃鸡蛋了！"

最后，当老妇得知老头又用母鸡换了一袋开始腐烂的苹果时，也没有恼火，而是开心地说："这样也不错，今天晚上我们就能做苹果馅饼了！哈哈，我都好久没有吃过苹果馅饼了……"

在这个故事中，老妇总是充满希望地面对人生的变化，即使最后只剩一袋烂苹果，她也能想到把它做成苹果馅饼。试想，如果我们是这个老妇的话会怎么样呢？恐怕相信多数人会骂自己的丈夫是多么的没用，感到生活一下子没有了希望，糟糕透了。

一个成功的拳击运动员曾说过这样一句话："比赛的时候，当你的左眼被打伤时，右眼还得睁得大大的，才能够看清敌人，也才能够有机会还手。如果右眼同时闭上，那么不但右眼也要挨拳，恐怕命都难保!”

拳击是这样，我们的人生也是这样，遭遇了再不顺心的事情，陷入了再糟糕的困境，我们也不应该自怨自艾，悲观失望，而是要充满希望地睁大眼睛，想着如何将自己从眼前的不幸中解脱出来。

卢卡是德国西部的一个农民，无论遇到什么事情他都没有绝望过，他的每一天都过得非常快乐，他曾经把一个有毒的“柠檬”做成了柠檬水。当然，他也因此作出了一番成就，成了当地的名人。

那时候，卢卡看上了一片售价很低的农场，但是当他真正买下那片农场后才发现自己上当了。因为那块地既不能够种植庄稼和水果，也不能够养殖，能够在那片土地上生长的只有响尾蛇。

面对这样的事情，很多人都替卢卡惋惜，不过卢卡没有气急败坏，他知道愁苦也没有用，不如想想办法，把那些“坏东西”变成一种资产!很快，他就发现一条好的出路，所有的人都认为他的想法不可思议，因为他要把响尾蛇做成罐头。

之后，装着响尾蛇肉的罐头被送到全世界各地的顾客手里，他还将从响尾蛇肚中所取出来的蛇毒运送到各大药厂去做血清，而响尾蛇皮则以很高的价钱卖出去做鞋子和皮包，总之响尾蛇身上的所有东西一下子在他手上都成了不可多得的宝贝。

卢卡的生意做得越来越大，这让很多人刮目相看，卢卡也成了当地学习的楷模。现在，每年去卢卡响尾蛇农场参观的游客差不多就有上万人，这个村子现在已改名为响尾蛇村，成为了旅游景区。

买下一块不能够种植、也不能够养殖的农场，对任何一个人来说都是一件糟糕的、无可救药的事。值得庆幸的是，卢卡并没有绝望，而是对自己充满了希望，想到如何从这种不幸中脱离出来，于是真的改变了自己的命运。

这是奇迹吗？是奇迹，但也是必然。幸与不幸，其实一切都在于你面对问题时的做法。当问题出现时，你不是站在原地自怨自艾，而是努力地寻找解决的方法，你会发现，那些一直困扰着你的问题都不是问题。

假如你的生命只有一个柠檬，你会怎样？

有人会绝望地说："我完了，我的命运真悲惨，我命中注定只有一个柠檬。"然后，他就开始诅咒这个世界，自悲自怜，结果他只会陷入抱怨和诅咒命运的怪圈中，自卑自怜地度过一生，毫无作为。

而另一些人则会微笑着、充满希望地对自己说："若只剩下一个柠檬，那就做杯柠檬水吧。"这些人绝不会为了已经成为事实，不能改变的事情而悲伤烦恼，他们会微笑着接受这个现实，然后做出更有价值的事情。

人生总会有不顺心的时候，很多人都会面临各种各样的困境，但是只要我们能够及时地自我调整，用希望的力量为自己加油鼓气，重唤起对生活的美好向往，我们的人生就一定不会失色。

第6味 安然：学会向生命的每一个方向微笑

日升月落，我们留不住那片残阳，就去迎接那份月光的朦胧。花开花败，我们画不出那样的繁花似锦，就去勾勒另一种落英缤纷。如果，我们只不过是人生的匆匆过客，那么请赐予我一份安然，让我面朝大海，春暖花开。

那灿烂一笑的风情

2008年第，29届北京奥运会志愿者的宣传口号是：微笑是北京最好的名片。

“微笑”，体现的是一种生活态度，体现了我们的一种心态。自信的人经常微笑，因为成竹在胸；悲观的人心事重重，自然愁眉苦脸。微笑能够拉近彼此的距离，让心灵的沟通更为和谐顺利；微笑也能缓和矛盾，实现共赢的好局面。微笑是能够传染的，一传十、十传百，让身边每一个接触到我们的人都能感到轻松愉快。

由此，用微笑作为北京的门面，是再好不过的了。

表情最能体现一个人的心情，而微笑，无疑是所有表情中最美的一种，它既可以提升一个人的气质，让这个人温文尔雅；又能塑造一个人的形象，使旁人如沐春风；还能缓和人与人之间的相处氛围，使原本有成见的人放下戒心，大家一团和气。

微笑，是心灵的万用解毒剂。早晨对着镜子笑，你会看到自己的眼睛里的神采和希望，相信今天又是一个新的开始；对着家人笑，让他们感觉到你的幸福感，他们也会觉得温暖；对身边的人微笑，让他们感染你的快乐，不自觉松开紧皱的眉头；对困难微笑，让心灵充满力量，不畏惧任何挑战；对生活微笑，随时保持乐观的心境，面对人生的风风雨雨……

第6味 安然
学会向生命的每一个方向微笑

美国希尔顿饭店的董事长唐纳·希尔顿认为：是微笑给希尔顿带来了繁荣。为什么唐纳·希尔顿如此重视微笑？

美国的希尔顿饭店举世闻名，是世界上最富盛名的酒店之一。很多年前，一位老妇人在董事长希尔顿心情极差的时候去拜访他，希尔顿不耐烦地抬起头，他看见的是一张微笑的脸。这张笑脸的力量是那么不可抗拒，希尔顿立即请老妇人坐下来，两人开始了愉快的交谈。在交谈过程中，希尔顿发现，老妇人是那么慈祥，她脸上真诚的微笑深深地感染了他。

从此，希尔顿把"微笑"服务定为饭店的宗旨。每当他在世界各地的希尔顿饭店视察时，总会问员工同一个问题："今天，你对客户微笑了吗？"如果你有机会去任何一家希尔顿饭店，你就会切身感受到微笑服务的魅力。

希尔顿总结说："微笑是最简单、最省钱、最可行，也最容易做到的服务，更重要的是，微笑是成本最低、收益最高的一种投资。

一个微笑竟然有这么大的威力？没错，微笑就是一本万利的生活投资，也是终止抱怨的最直接、最简单方法，相信我们大家都听过这样一句话："生活是一面镜子，你对它哭，它就对你哭；你对它笑，它也对你笑。"

苏格拉底说："在这个世界上，除了阳光、空气、水和笑容，我们还需要什么呢？"的确，微笑只是一个简单的动作，不费吹灰之力就能做到。笑容代表着快乐，代表着积极的心态。与其终日愁眉不展，不如把微笑挂在脸上。

随着时间的流逝，我们可能会忘记很多东西，但那灿烂一笑的风情，却会永远留在我们的心中，扣人心弦。所以，不要放弃，不要抱怨，尽情微笑吧。你的微笑，在任何时候，都将是最美的一道风景。

慵懒也是一种情调

陈露是一个再普通不过的女孩，天天踩着高跟鞋，一手夹着公文包、一手拿着手机，挤公交车上班，坐地铁下班，来往于职场和商场之间。

然而，她却懂得慵懒的妙处。每逢周末，陈露从来不让自己加班。她或约上几个知心朋友品品咖啡，喝喝茶，谈谈人生，健健身，或者穿上T恤、帆布鞋等，一个人带着简单的行囊，一部相机、一个笔记本、一部手机到喜欢的城市去度假……

甜而不腻的下午茶，是陈露一项必不可少的节目，不论在黑夜还是白昼、雨季还是晴天，经常可以看到她坐在咖啡馆靠窗的位置，一杯卡布基诺，一块蓝莓蛋糕，还有一本时尚杂志，悠闲而自在。

每个人的心里都有一份隐性的生活情调，都有一种对无拘无束、清心寡欲的生活状态的向往。慵懒是一种感性的生活方式，是一种忠于自身感受的妥协。慵懒地放慢脚步，给自己一个品味生活的机会。没有过多的要求，只要那颗心能跟着慢下来便好。

每个人的精力都是有限的，并不是每一件事情都值得我们全力以赴。不值得的事情就应该果断扔掉，多给自己的心灵留下一些闲适的空间。慵懒一番，切换一种思维方式，在心不在物。情调，在慵懒之中便慢慢弥散开来。

有时，生活中的情调就是夏季最后一下弹指，也是清晨最初的一丝日光；或者是咖啡中一粒纤细的方糖，或者是嘴角边一抹淡红的果酱。

所有的这些，其实都只是慵懒的一种表象。实际上，慵懒体现出的情调也是一种生活态度，生活可以因此而变得轻松而充满诗意。它不是沉沦，更不是堕落，而是生活中最好的一种调味料。

在欧盟，希腊是排名倒数第二的国家，除了航运业、农业、旅游业和与之相关的工艺品制造，其他乏善可陈。但希腊人并不在乎自己国家的经济实力有多雄厚，他们在乎的是能享受他们的慵懒生活。

对于希腊人来说，周末是铁打不动应该休息的日子。这一点，从周日所有的专卖店“整歇”就可以看出端倪。其实不仅是专卖店，所有的店铺也一律关门谢客，就连餐厅也不例外，即使是游客络绎不绝。

在雅典，公司员工一般是早上10点到11点出现，晚上7点左右下班。所以希腊人往往在9点钟开始吃晚餐，结束后再去酒吧或咖啡馆里喝上一杯，让身体慢慢放松，沉浸在夜晚清凉的海风中。

度假，是希腊人休闲生活里最重要的部分。在爱琴海上像珍珠一样散落着2000多座美丽的岛屿，有人居住的就有170多座，其中很多都变成了度假天堂。希腊人举家外出，在小岛上尽情享受阳光、海水、沙滩，以及有海风和啤酒的宁静夜晚。

希腊人无穷的艺术灵感，也许就是在这慵懒中酝酿出来的，而每一个来到希腊的游客，都会放慢脚步。如今希腊是全世界向往的度假胜地。对中国人来说，光是希腊这个名字，就能让人产生无数浪漫的想象。

“此身常放在闲处，荣辱得失谁能差遣我；此身常在静中，是非利害谁能瞒昧我。”这句话出自于明初洪应明所著的《菜根谭》之中，意思是说：经常把自己的身心放在安闲的环境中，世间所有的荣华富贵和成败得失都无法左右我，经常把自己的身心放在安宁的环境中，人间的功名利禄和是是非非就不能欺骗蒙蔽我。

现代社会中每个人都在为生活忙碌着，为了实现自己的目标而不懈努力，这应该是值得肯定的，毕竟曾经有人说过“人生在于奋斗”。然而，在这个奋斗的过程中，偶尔慵懒一会也是非常重要的。

慵懒中，可以审视整个世界，深谙于内心的感觉；慵懒中，可以找回自己本就拥有的另外一面；慵懒中，可以在自愿和非自愿中随意选择。还记得我们有多长时间没有穿过T恤，取而代之的是衬衣、领带、西装了吗？还记得我们有多久不穿帆布鞋，而是天天的小高跟了？一杯咖啡，或一堆零食，沉浸在婉转的音乐里，用最舒服的姿势，翻看着许久不曾碰触的杂志，这就是一种慵懒的情调。以慵懒的姿态生活，在尘世喧嚣的背后，过一种自得其乐的日子，随意，轻松。

在一般人的心目中，慵懒的生活只是属于有钱人的。实际上，要想慵懒地生活，与时间和金钱没有多大的关系，而是要必须学会放弃。放弃的也许是名利、金钱、地位，还有一些声色犬马的显赫，如此就能够得到恬淡、平静、安逸、亲情与天伦还有身心自由的畅快与放纵，我们何乐为不为呢?!

不要再觉得在快节奏的生活中，享受与闲适是不可能的。再怎样疲惫或忙碌，你也可以在早晨临出门前喝上一杯柠檬水，在地铁里听一曲中意的音乐。它不是沉沦，更不是堕落，而是生活中最好的一种调味料。

只要拥有一种情调心态，时刻的慵懒都是没有问题的。这样，给自己的心灵带来了瞬时的自由，生活可以因此而变得轻松而充满诗意，幸福的感觉便会不期而至——如同踮起脚尖，就能接触到阳光。

等待，是因为期待花开

在海拔4000多米的安第斯高原上，那是个人迹罕至，荒无人烟的地方，但是在那里生长着一种花，叫做普雅花。

普雅花开花的时候非常美丽，但是它只绽放两个月，等到花谢之时就是它枯萎之时。

但普雅花还有一个鲜为人知的特性，虽然它的花期只有两个月，但是它的生长期却是一百年。

也就是说，它这一生苦苦等待一百年，就只为那仅仅两个月的美丽绽放。

等待，是为了期待花开。有的人认为等待就是一种浪费，但对于普雅花来说，它的每一分，每一秒的等待都是值得的，它所有的等待，只要能换来最后的完美绽放，那么一切都是值得的。

就像大仲马在《基督山伯爵》中描述的一样：人类的全部智慧就包含在“等待与希望”这几个字里面。生活中有许多种等待，等待自己另一半的出现，等待来之不易的机会，等待未来日子的到来。

其实，人生就是个谜局，你永远不知道下一刻会是什么。但是我们知道的是，上苍会垂怜那些善于等待的人。

在20世纪60年代，国家实行知识青年上山下乡的政策，不满17岁的男孩被安排到冰天雪地的北大荒。身在异乡为异客，每逢佳节倍思亲，这令他痛不欲生，可就在这时候，一个北方女孩闯进了他的心房，就这样他们由相识到相知，再到相恋。

就当他们要结出爱情之果，打算结婚的时候，造化弄人，国家推出让所有知识青年大返城的政策，他可以回上海上大学。女孩也鼓励他回去，并允诺自己会在北方等着他回来娶她。就这样，男孩回城上大学，女孩儿就在家痴痴地等。任谁劝她也不听。

转眼过了四年，她收到了他的来信，是一封男孩的父亲模仿男孩的笔迹写的分手信，虽然这对女孩打击很大，可她还是坚信他会回来的。而男孩和他父亲战友的女儿结了婚，没过几年他又离了，过了几年，与男孩一起下乡插队的同伴回到北大荒，见过女孩知道她很困苦，但是她要求他的那个同伴不要告诉那个男孩。

就这样，冬去春来，18 年过去了，就在男孩参加当时一起插队的知识青年聚会的时候，那个同伴告诉他，其实那个女孩儿一直等待着他，他知道后，立即踏上了寻找她的火车。

那天，当她在屋里整理男孩当年的衣物时，房门被推开了，她抬头看到了他满含泪水的眼睛。他们紧紧拥抱在一起，18 年的等待，男孩终于像候鸟一样的归来了。18 年的等待，终于让他们有情人终成眷属，过上了幸福的生活。

那个女孩来说，她一直都在等待，是什么让她一直都从不放弃呢？无论谁来劝说，无论用什么方法，都没有让她改变主意。那是因为只有等待才会有希望，等待意味着没有放弃希望，守候意味着没有遗忘。也许在她等待的时候，同时也在享受着回忆的幸福。

在现实生活中，很多人都不愿意等待，因为等待让人烦躁，而且还要花费时间。但是，等待在生命中是不可避免的，任何人都不能逃避等待。我们不想等待而想提前跨入那幸福的时刻，我们自以为不用等待就是幸福的。殊不知，不用等待加快步伐只是能减轻我们焦虑的心情，其实并没有让我们更快跨入幸福的时刻。那样只会让我们的人生更加忙碌，更加没有希望。

我们的一生就是要在等待中度过，只有我们耐心的等待下去，我们的人生才会有希望，因为人生的下一刻值得我们去等待，当那一刻到来的时候我们才会更加快乐，才会更加的珍惜。当我们人生的那一刻到来的时候，我们回过头时就会发现，我们等待的每一分都是快乐的。不要再为等待而苦恼，学会在等待中寻找快乐，有等待就有希望，到最后，你的希望就一定会成为现实。

低下头，美丽就会一目了然

一个青年人在建筑工地上工作，受尽了苦头。夏天暴晒在烈日下，汗流浃背；冬天在大雪纷飞中忍受严寒。但是，为了生活他不得不继续忍受下去。

有一天，他又拖着疲惫的身子回到家中，看到爱人一如既往地在厨房中忙乎着为他做饭、烧水；几个孩子在屋中快乐地嬉戏，一见到他回家，便都兴奋地扑了上去……这时候，他发觉自己简陋的小屋中竟然充满了别样的温馨。他慢慢地走进厨房，用一种充满爱意的感动将妻子抱起来，转上一圈。妻子的体重并不比五十公斤重的石头轻多少，但是，他的内心却洋溢着幸福的味道。

就这样一个小小的动作，就将他一天的疲惫赶走，再也感觉不到任何劳累了。

生活中处处都充满了美，只要你低下头去，美丽就会一目了然。这些美丽则可以减轻你内心的种种沉重。当你事业陷入低潮之时，心中没有了指点江山的豪情壮志，只要你低下头，就可以看到亲情的温暖。当这份温暖支持你走过了困境之时，低下头，你又能看到自己又收获到了乐观的性格与坚毅的品格。有谁能说，这不是一份别样的美丽?

台湾著名绘本画家几米在其作品中有这样的一段话：“掉落深井，我开始大声地疾呼，等待救援……天黑了，我黯然低头，才猛然发现水里面满是闪烁的星光。我终于在最深的绝望中看到了最美丽的惊喜。”诗意盎然的语言道出了耐人寻味的哲理，给我们以启迪。

在人生道路上没有风平浪静，一帆风顺。当我们处于绝望或困境之中时，就要学会低下头看一看，这时你就会发现生活中处处充满了美好，让你冷却的心灵重新充满希望，充满快乐的阳光。

俗话说：“低头的都是满满的稻穗，昂头的却都是无果的稗子。”越是成熟、饱满的的稻穗，头就垂得越低。只有那些内心空空如也的稗子，才会显得过于招摇，始终会把头抬得老高。

范蠡出身于贫寒之家，虽然家境不好，但是却胸藏韬略，聪明异常。年轻的时候，就显露出其非凡的才华。他学富五车，上晓天文、下识地理，无所不通。

在周景王二十六年时，吴国与越国发生了战争，吴国攻打越国，越王勾践大败，最终仅带领5000兵卒逃入会稽山。范蠡与越王勾践在穷途末路之时投降吴国，忍辱负重，以期将来有一天能乘机攻打吴国。

范蠡陪同勾践夫妇在吴国为奴三年后，终于迎来了攻打吴国的时机。他巧设“美人计”，谱写了一曲西施深明大义献身吴王，里应外合兴越灭吴的千古传奇篇章。范蠡跟随勾践二十余年，苦身戮力，存越灭吴，最终成就了越王的霸业，被尊为上将军。

但是，他却在那“吴王亡身余杭山，越王摆宴姑苏台”的举国欢庆之时，选择了激流勇退，带上西施隐姓埋名，泛舟五湖，悄然地退出了政治舞台，过上了逍遥快乐的日子。

人在仰着头时，总是会看不清自己脚下的路，目空一切。但是一旦低下头，脚下的路就会一目了然。范蠡能够在成就一份伟业后，低下头来潇洒隐退，说明了他是智慧的，他的人生也是洒脱的。

在生活中，有的人稍遇麻烦就开始发火，其实，在这个世界上不止你一个人存在肝火，有的人之所以不发作，是因为他的智慧足以熄灭内心的怒火。而只有那些无知浅薄的人，才认为自己最有权可以无缘无故地向别人大发脾气。

如果将我们的人生比作一次爬山运动的话，无论你处于何种位置都要记住：在浩瀚的大山中，你只是一个小小的分子，无论身处何境，都要学会低下头来，保持低姿态，这样才能发现山下的美丽风景。即便“会当凌绝顶”，也要记住低头，因为在漫漫的长旅跋涉中，总难免会有碰头的时候。

所以，当我们心中充满怒气的时候，就多想想那些饱满的稻穗吧，多低下头来反省一下自己的内心吧，当你发现自己也有所不足的时候，就能收获别样的美丽人生。

寂寞绽放出最美的花朵

梭罗是美国文学史上一个伟大的作家。

在17世纪中叶的美国，梭罗为了过自己想过的生活，选择了一个森林，找到了一个圆木小屋。他在这里生活了两年多，留下了传世经典《瓦尔登湖》。

在他的笔下，寂寞的森林充满了美感，瓦尔登湖有一种难得的宁静。这种宁静和寂寞，让梭罗更明白人世的名利和纷争是多么的没有价值。寂寞让梭罗体会到了一种难得的美，也让他有了更积极的思考。

梭罗认为，寂寞不等于空虚，虽然有时它们看起来很相似。他通过自己的行动、自己的思考，让寂寞照亮了自己，成为那个时代特立独行的人，并得到了后世更多的理解。

在人海浮沉之余，我们要为自己留一段空白，留一段云淡风清的寂寞。寂寞是一种幸福，是一种享受，更是一种绝美的心境，它能绽放出最美的生命之花。一个人，面对窗前明月，清茶一杯，好书一卷，听一曲清幽古乐，任情思神游，让人生少些浮躁和媚俗，多些平静和安详，这不正是一种绝美的心境么？

寂寞之人并不意味着不被别人接受和理解，也不代表他的生活会落寞。当我们抬头仰望苍穹时，看到那遨游长空的雄鹰，你会觉得，它是寂寞的。可是你是否意识到，寂寞的雄鹰，却拥有整个蓝天？

寂寞中的人可以寻找到最初想要的本真。通过寂寞，他们可以感受到自己的坚强。当我们学会感受人生的悲喜与无奈，也就更能明白怎样去切换生活的态度。让自己的心灵小憩在寂寞小舟之中，就能享受寂寞、品味寂寞。寂寞不会把一个人湮没，它是一个我们可以休息的空间，调整的空间。我们可以在那里找回很多久违了的感受，重新找到自己心灵的新起点，找回自己生命中最想要的东西。

今年才25岁的琳达是个成功的艺术家。当她到某大学演讲的时候，面对大学生询问自己如何成功，她说了这样一句话："享受寂寞"。顿时，台下一片惊讶。

琳达看着大家的惊异，平静地说："在我16岁时，遭遇了一场车祸，父母不幸遇难，我也因此残疾。16岁到23岁，对于一个女孩正是一个黄金时间，然而，就在这个可以尽情地享受着青春的活力、友情的快乐、爱情的甜蜜、生活的美好的重要时间里，我却是一个人寂寞地在轮椅上度过的。在这漫长的七年中，我曾经抱怨过，伤心过，我把自己封闭起来，不与外界接触，从此我的世界里只有寂寞……"

说到这里，琳达平静了一下，继续说道："然而就是在这份寂寞中，我却体会到了人生的真谛。漫长的寂寞让我有足够的时间平复心情，平静的心态让我能够冷静地思考。在思考中我明白了很多道理，我重新客观的看待我的人生，我明白了只要活着就是一种幸福，我懂得了珍惜，懂得了知足。这大概就是所谓的'知止而后能定，定而后能静，静而后能安，安而后能虑，虑而后能得'吧！寂寞，给了我静心思考的机会，让我明白了这些道理，在我明白了这些道理以后，我所得到的就是快乐……"

当琳达说完这些时，台下，响起了经久不息的掌声。

我们为什么害怕寂寞，是因为寂寞在我们的眼中，就等于人生的失败。提到寂寞，每个人都会感到不寒而栗，脑海中还会浮现这样的词语："形影相吊"、"孑然一身"、"孤芳自赏"等等。这些词语，带给自己的，只有一种被遗弃的冰冷之感。

然而，当我们翻看那些名人的成功史，就能发现寂寞才是成功的催化剂。如果没有寂寞，屈原能完成千古绝唱《离骚》吗？如果没有寂寞，李白能写下那古来圣贤多寂寞的千古绝句吗？如果没有寂寞，约翰·纳什能成为当代数学家吗？

寂寞，绽放出最美的花朵。真正的寂寞，是一种高尚的修养，是心灵的宁静，是灵魂的洒脱。正如日本作家川端康成说得那样："我独自一个人时，我是快乐的。因为我可以寂寞着；与人相处时，我发现我是寂寞的，只因为我已经变得很快乐！"

享受寂寞，才能懂得生活的本质。学会享受寂寞的心境，你才能得到生活的真谛。寂寞可以让一个脆弱的人，学会坚强，也能让一个坚强的人变得更从容自信。人只有经历一番寂寞的洗礼，才能让自己拥有更多的不同。有一天，当你说出"我虽然寂寞，但我很快乐"的时候，那么就能说明你真的快乐了。

宠辱不惊，才能看尽繁花之美

19世纪中叶，美国实业家菲尔德率领他的船员和工程师们，用海底电缆把"欧美两个大陆联结起来"。菲尔德因此被誉为"两个世界的统一者”，一举而成为美国最光荣、最受尊敬的英雄。

但是一段时间后，由于海底电缆技术发生了故障，刚接通的电缆传送信号中断，极大了影响了人们的生活和工作。顷刻之间，人们的赞辞颂语变成愤怒的波涛，纷纷指责菲尔德是“骗子”、“失败者”。

面对如此悬殊的宠辱逆差，菲尔德泰然自若，他没有理会那些恶劣的批评者，一如既往地坚持着自己的事业。经过6年的努力，海底电缆最终成功地架起了欧美大陆的信息之桥，菲尔德成为了历史英雄人物。

古语有云：宠辱不惊，闲看庭前花开花落。这句经典的话，是在告诫我们要拥有宠辱不惊的心理状态，坦然面对可能发生的所有事情。

人生在世，有褒有贬，有毁有誉，有荣有辱，这是人生的寻常际遇，不足为奇。因此，无论身处怎样的境地，我们都应当尽量做到宠辱不惊，这样才能收获平稳的心态，体会到从容淡定的美好。

然而，在现代社会中，很多人在得失面前总是会表现出无所适从的茫然。殊不知，事物本身带给我们的影响远远不及我们面对时的态度，如果我们很难做到从容淡定，只是一味地后悔、埋怨与喋喋不休，最终给生活留下了的只有伤感、痛苦与怨恨。

皮特从加州某大学毕业了，被美国冬季征兵活动选中，将参加最危险的海军陆战队。得知这个消息后，他非常紧张，每天都是忧心忡忡的。

皮特的爸爸看到了他这个样子，决定和他聊聊天。他对皮特说：“孩子啊，其实你没必要这么忧心忡忡的。到了海军陆战队，你或者是留在内勤部门，或者是分到外勤部门。如果你分到了内勤部门，就完全用不着去担惊受怕了，那些工作都是很轻松的。”

爸爸的话，并没有让皮特放松，他说：“爸爸，去哪个部门也不是我自己选的啊！要是我被分配到了外勤部门呢？外勤部门不仅需要出去作战，而且所面对的各种环境也是非常恶劣的。”

爸爸笑着说：“那也没关系。即使去了外勤部门，你还是有两个选择，一个是留在美国本土，另一个是分配到国外的基地。如果你被分配到美国本土，这跟待在家里没有什么分别，又有什么好担心！”

“那要是我去了国外呢？”皮特继续问道。

“这样啊，那你还是有两个机会。第一个，被分配到和平而友善的国家；第二个，你被分配到海湾地区。如果是前者，那么爆发战争的几率是很小的，约等于零，你就什么事情都不会有。”

皮特着急地说：“可是，我要是真的去海湾了呢？那我不就完蛋了吗？”

“这怎么可能？如果你留在总部，而不是上前线，那么也不会有事。”

“那我要是上前线了，这该怎么办？假设我还受了伤，那我以后该怎么生活？”

“受伤也分程度的。也许你只是轻伤，根本无碍的。”

皮特还是不满意，说：“那要是不幸身负重伤呢？”

“那很简单，要么保全性命，要么救治无效。如果还能保全性命，还担心什么呢？”

皮特最后问道：“天啊，要是救治无效，那我该怎么办啊！”

爸爸听完，大笑着说：“这更简单了。你人都死了，还有什么可担心的呢？”

世间有很多事情都是难以预料的。有时候，我们会受到幸运女神的眷顾，收获意想不到的幸福，但有时，也会突发一些状况，让许多人感到痛不欲生。

但是无论人生面临什么样的际遇，我们都应该始终保持一种荣辱得失皆坦然的心态，并融会于生活的方方面面，去体会那种简单的幸福。

宠也自然，辱也自在，不大喜，也不大悲，一往无前，自然会否极泰来。宠辱不惊，是一门生活艺术，更是一种处世智慧。只有学会以坦然的心态去看待世事的发展，才能够获得内心的平静，进而赢得令人羡慕的成功人生。

名利本是镜中花

在一个风和日丽中午，一个富翁到海边散心，看到一个渔夫悠闲地躺在沙滩上晒太阳，好奇地走过去，于是有了下面的一段对话。

富翁：“你没有出海打鱼吗？”

渔夫：“已经打回来了。”

富翁：“为什么不乘天气好多打一些呢？”

渔夫：“多打一些干什么，吃不了也浪费。”

富翁：“多打一些你可以去卖钱呀。”

渔夫：“卖了钱干什么？”

富翁：“卖了钱你可以买大船啊。”

渔夫：“买大船干什么？”

富翁：“买了大船你可以打更多的鱼。”

渔夫：“买更大的船，打更多的鱼干什么？”

富翁：“你买了更大的船，打了更多的鱼，就可以卖更多的钱。有了更多的钱，你就可以不用出海打鱼了。”

渔夫：“那我做什么？”

富翁：“到时候你什么也不用做了，可以天天晒太阳享清福了。”

渔夫：“我现在不是已经在晒太阳，享清福了吗？”

名利是人生的枷锁，正确地对待名利，你才能成功地挣脱名利的枷锁，轻松地过完自己的人生。

名利本是镜中花，我们争来争去，到最后，也不过是一场空。但却有很多人受尽其累却不知悔悟。有些人甚至为了一时之名而失去自我，失去所有。

名利心与生俱来，人一生下来就面对一个灯红酒绿、五彩缤纷的世界。如不能放下名利，人们会在“人比人气死人”的心理下产生嫉妒；在蝇头微利面前言不由衷；在逢迎拍马中殚精竭虑；为一得而忘乎所以，为一失而灰心丧气……

有了这种名利物欲之心，你富了，还会“得一千，想一万”；你名利双收了，还会“昨怜薄袄寒，今嫌紫蟒长”；红尘无缘，你会诅咒命途多舛；宏图受阻，你会哀叹力不从心……从而使你陷入心力交瘁的泥潭而郁郁寡欢。

有一个人，整天烦恼缠身，患得患失，什么事情也不想做，于是就去寻找能够解脱烦恼的秘诀。

有一天，他来到一个山脚下，看见一个生长着绿油油的草地的牧场，有一个牧羊人骑着马，嘴里吹着笛子，发出悠扬的韵调，非常逍遥自在。于是他就问这个牧羊人，你怎么这么快乐？能教给我怎么才能像你一样快乐，没有烦恼吗？

牧羊人说，没什么，骑骑马，吹吹笛，什么烦恼也没有了。

他试了试，但却改变不了他的烦恼的状态，于是，他放弃了这个方法，又去寻找新的解脱的途径。不久，他来到一个庙宇，看见一个老和尚在庙中修行，面带微笑，看起来是个有智慧的人。

他深深地鞠了一个躬，向老和尚说明来意。老和尚说，你想寻找解脱吗?

他说是。老和尚说，有人在捆住你吗?

他说没有。老和尚又说，既然没有人捆住你，何谈解脱呢？人往往是自己不能醒悟，凡事执迷不悟，岂不知做人要几分淡泊，名和利都是羁绊，你若执著，哪有解脱呢?

烦恼和羁绊都是由于自己的不能舍弃或是看得太重而引起的。尤其是名利二字，人都离不开，谁能撇开这两个字去为人处世呢?

于名利而言，能而不为，有而不重，是谓淡泊，是一种高雅超脱。其实，人生的所求所为，名利也好，淡泊也好，选择艺术或逍遥也好，都是人生的一种选择，都有它存在的理由和原因。

人生于世，君子圣贤雅士也好，小人俗人凡人也好，谁也不能无所谓的舍弃。俗人爱财，君子就不需要么？圣贤若是没了一日三餐，也要去赚钱的。但不要执著，要懂得舍弃，这样做才是俗世的淡泊。

很多人利欲熏心，陷入你争我夺的境地，快乐从何而来？他们往往一整天心事重重，做梦都半夜惊醒，老疑神疑鬼，阴翳不开，快乐又怎么会与你有缘?

要知道，放下就是快乐，只有拨开云雾，卸下心灵的枷锁，在平平凡凡的生活中，才能体会一种轻松如风、畅快淋漓的感动。

忙里偷闲的快乐

有一位商人，邀请朋友到家做客。整整一个晚上，他都在对朋友倾诉他的烦恼和买卖上的激烈竞争。他谈到在孟买和土耳其的财产，谈到他所拥有的土地，还有他的咖啡园，还取出从印度买回的珠宝让朋友欣赏。

"我明天又要出门做生意了，等这次生意做完，我可要好好休息一下。做生意做了这么多年，我早就感觉累了，想好好休息了，这是我目前最想做的事。"大商人虽面带倦色，可仍滔滔不绝地向朋友宣布他的计划。

朋友笑着问："你刚才所说的生意，要用多长时间才能做完呢？"

商人说："最快也得一两年吧！"

朋友叹了一口气，说道："那你最想做的事——休息，又要等一两年了。现在你都已经觉得很累了，到时候你岂不是已经累垮了，为什么不现在先休息一段时间，然后再出门做生意呢……"

一个不会适时休息的人，只是一台工作机器，连上帝也不欣赏。当工作很疲倦时，休息才是最重要的事。所以，为什么不在疲惫的时候静下心来，忙里偷闲一下，帮助自己调整身心，享受生活的乐趣呢？

大哲学家亚里士多德曾说过"放松与娱乐，被认为是生活中不可或缺的要素。"遗憾的是，很多人一再强调自己有多忙碌，忽略了放松与娱乐，结果让自己身心疲惫，甚至心烦意乱，更别提走好以后的路了。

诚然，忙碌是避免不了的，然而我们可以改变对待生活的态度。其实，所谓的忙里偷闲可不是偷懒，投机取巧，而是说要善于调剂时间！即忙碌时做好闲暇的心理准备，偷闲时又能善用其“闲”，如此便能够调节好身心的平衡，游刃有余地做好自己的事情，这些人才是生活的主宰者。

美国加州的一处度假村里，正在举办第三届电信行业高峰会议，几乎电信业的所有精英都聚集在了这里。每到会议休息时间，一些公司的老总便回到自己的房间，不是和助手商议方案，就是研究其他公司的资料，忙得团团转。

唯独环球电信公司的老总亨得利不一样，休息期间他会独自一人沿着度假村的忘忧湖散步，或是到花园中欣赏奇花异草。这让其他的老总以为亨得利不重视这次峰会，或是贪恋山水美景，而忘了自己公司发展的大事。

然而，令所有人惊奇的是，每次会议上亨得利却始终保持着非常饱满的工作状态，轮到他发言时，他思路敏捷、精力旺盛、侃侃而谈，一直是整个峰会的焦点人物。当然，他也为公司争取到了最大利益。

会议结束时，有位老总非常好奇地问亨得利说：“平时总见你漫不经心、游手好闲，似乎很不重视这次峰会似的，可一到会议上，你就精神百倍，你是不是吃了什么灵丹妙药?”

亨得利哈哈大笑，回答道：“是的，我的确是吃了灵丹妙药，但我吃的灵丹妙药就是忙中偷闲，会议休息期间去散步、去赏花，在这段时间里我的大脑得到了很好的休息，因此，这会议我是越开越精神呀!”

亨得利之所以能够成为整个峰会的焦点人物，究其原因就在于他很善于忙里偷闲。工作时认真工作，休闲时尽情放松，进而赢得了放松与和谐的身心，成为了生活的主宰者，精神百倍、自信满满。

唐人李涉在《题鹤林寺壁》中写道：“终日错错碎梦间，忽闻春尽强登山。因过竹院逢僧话，偷得浮生半日闲。”言语中透着一股子对“忙里偷闲”的羡慕，言外之意，是说不要让生活羁绊着自己，我们要学着忙里偷闲，松弛一下疲惫的身心。

自然界里春夏生机勃发，万物生长；秋冬万物沉寂，处于休眠状态。人本身也属于自然界的一部分，所以理应懂得休养生息。浮浮人生一路忙，“偷闲”是一种静心的放松状态，是一种符合自然规律的调适方式。

古人云：“一张一弛，文武之道。”忙碌与休闲都是生存之道。生活中总有做不完的事，爬不完的坡，在疲惫之时静下心来，善于忙中偷闲，让身心得到彻底的休息，从中享受到生活的乐趣，这才是理智的人。

第 7 味　惜年：往事悠悠何处说，水月一梦尽繁华

时光，静静地流淌，从指间滑落。我想让它停下来，它却跑得更快了。我赶紧追上去，想抓住它，可是它却跑得更远了。我们留不住时光，留不住年华，除了好好珍惜它，我们还能做些什么呢？

最好的是下一个

世界球王贝利在多年的足球生涯里，参加过上千场比赛，踢进1000多个球，并创造了在一场球赛上射进8个球的纪录。

他超凡的球技不仅让观众心醉，而且常使球场上的对手也拍案称绝。

当他个人进球纪录满1000个时，有人问他："您哪个球踢得最好?"

贝利笑了，谦逊地说："下一个。"

最好的，是下一个。球王贝利的成功，源于他有一种归零的心态。归零的心态就是让自己清除昨天的辉煌，让自己将昨天的光环都忘记，一切重新开始的心态。

有时候，我们感觉第一次取得成绩比较容易，第二次却不容易了，原因就是在于我们被昨日的光环给绊住了脚，无法让自己站在一个新的起点，重新开始。不论昨天输了也罢，赢了也好，都已经成为历史，今天的我们，面临的是未来的胜负，因此我们要学会摆脱昨日的光环才行。

要知道，无论我们取得了多大的成就，它只能代表过去，你可以让它成为增添信心的动力，而不是炫耀的资本。其实，人活在这个世上，都有骄傲的一面；当值得骄傲的一面被自己过度张扬时，人的成功也许就停滞不前了。

一个星期六的晚上，餐桌上觥筹交错——这是父亲的朋友来晴晴家聚会。这一次出现了很多生疏的面孔。晴晴喜欢这种场面，甚至有些渴望，因为她不想失去任何一个可以让自己“芳名远扬”的机会。

餐桌上，父亲和朋友们谈兴正浓，晴晴知道快轮到她上场了。果然，父亲突然自豪地对众人说：“我这个女儿，可了不起。”说完就转头对晴晴说：“快去把你的证书拿来给叔叔们瞧瞧。”和以前一样，晴晴高兴地跑回书房，拿起那一摞“整装待命”的证书。

父亲接过去，一一打开并对众人解说。这时候，晴晴就像明星被隆重推出一样，受到了热烈的欢迎。叔叔们都啧啧称赞，有的对她报以赞赏的笑容，有的竖起大拇指说：“真棒！这孩子真不错！”“这孩子这么聪明，像她父亲。”“比我家那孩子强多了！”那些赞美之词化为一阵阵波涛把她推向了虚荣的顶峰。

“这是以前得的吧?”一位正拿着晴晴的证书翻看的叔叔说道，他的声音很平静。

“是的。”晴晴回答，准备好了听他的夸赞。

“那现在的呢?”他的声音仍很平静。

“现在的?”晴晴一愣，不解地望着他。他一身黑色的西服，身体瘦弱，戴着一副金丝眼镜，坐在一个角落，实在很不起眼。

“没有。”晴晴小声地回答道。

“小姑娘，过去的都已经过去了，把握现在才是最重要的。”他感慨地说。

晴晴听了之后，惭愧地低下了头。

德国诗人歌德曾说：“感到自己渺小的时候，才是巨大收获的开头。”而一旦你感到了自己的伟大，那你就准备去迎接失败吧。一个自负的人，最终只会让自己的名字像水塘上的气泡那样一闪就过去了。

美国汽车大王福特也曾说过："一个人如果自以为已经有了许多成就而止步不前，那么他的失败就在眼前了。许多人一开始奋斗得十分起劲，但前途稍露光明后，便自鸣得意起来，于是失败立刻接踵而来。"

请记住，最好的是下一个。忘记昨日的成就，让自己轻装上阵吧。短暂的学会忘记昨天，才会有更长时间的拥有，得与失就是这样循环往复。不会忘记昨天的人，不知不觉把今天的很多东西也会失去。

很多时候，一个人的失败是因为他曾经的成功，过去成功的理由也许就是今天失败的原因。要想获得成功，最重要的一点就是记得随手关掉自己身后的门，学会把过去的辉煌给忘记，重新开始，让自己的心态归零，不使昨日的光环成为你的绊脚石。

时间，别走……

《头脑中的绿洲》一书中有这样一个故事。

埃斯特先生买了一幢海滨别墅。每天下班他都会看到一个人从他花园里扛走一个箱子，他一直来不及喊对方停下来。

有一天，他去追赶那人，追到一个峡谷边的时候，埃斯特发现陌生人卸下箱子扔进了峡谷，而峡谷下面已经有不少这样的箱子了。于是，他奇怪地问陌生人这是怎么回事，陌生人说箱子里装的都是他虚度的时光。

埃斯特看过箱子后非常难过，求陌生人取回这些箱子。陌生人却说一切都太迟了，然后便跟箱子一起消失了……

“逝者如斯夫，不舍昼夜”，过去的一切就像这奔流的河水一样，不论白天黑夜不停不息地流逝。光阴总是匆匆而去，不论对谁，它都不会有所留恋。

鲁迅先生曾说：“生命是以时间为单位的。”拉美谚语中也有这样的句子：丢失的牛羊可以找回，但是失去的时间却无法找回。

因此，年轻人一定不要虚度光阴，否则等到随着年龄的增长，容颜憔悴了，精力衰退了，却发现自己一路走来并没有留下任何坚实的足迹，就已经错过了最美好的花期，就会悔之晚矣。

所以，不要埋怨时间过得太快，让你来不及实现理想，那只是因为你没有善待它、抓住它。真正懂得珍惜时间，规划自己人生的人，总是自己决定什么时间做什么事，总是珍惜今天，而不是无意义地期待明天。

有个热爱舞台表演的女孩，有一天跟她的老师说出了自己的梦想：毕业后一定要去美国，然后登上美国百老汇的舞台。

看到她满脸憧憬的样子，老师问她：“为什么要等到毕业呢？现在去百老汇，和毕业后再去又有多少区别？”的确，既然当前的大学生活并不能够帮助她争取到去百老汇演出的机会，那就没必要再等到毕业后，女孩仔细想了想，告诉老师说：“下个学期我就去百老汇闯荡。”

老师紧接着又问：“你现在去和下学期去，有什么不一样吗？”女孩觉得还可以提前一些，于是，她说：“我这周好好准备一下，下周就出发。”

“有什么是必须在这里准备的吗？既然决定要去，何必再拖一周呢？”老师步步紧逼。

结果，女孩第二天就乘坐飞机去了纽约百老汇。

去了当天，她就赶上百老汇正在为一部剧目选角，她略作思考，就决定争取一下这个机会。女孩按照剧本真挚地演绎了剧中女主角的角色，一下子征服了制片人。

于是，刚刚到达纽约的女孩进入了百老汇，成为了舞台上的主角。

在钟表王国瑞士的温特图尔钟表博物馆里，陈列着一些古钟，上面都刻着这样一句话："如果你跟得上时间的步伐，你就不会默默无闻。"是的，"明日复明日，明日何其多。我生待明日，万事成蹉跎。"如果总觉得时间还充分，不能抓住现在，那么，理想之花就只能在梦中开放，而不能变成现实了。

年轻不是慵懒的资本，青春没有多少岁月可以挥霍。不要以为自己年轻，时间就还多得是，抱着这样想法的年轻人，注定会在韶华老去的时候才发现自己该做的事情都还没有做，自己平庸的生活还未曾改变。到那时，一切都已回不到从前。

时间是世界上最宝贵的东西，它能使一个人从年轻到老去，能使一个人从平庸到卓越，同样也能使一个踌躇满志的少年，变成碌碌无为的庸者。时间无限，生命有限。然而，很多年轻人却不会把握时间，不会合理地利用时间，以致浪费了这上天赐予的最宝贵的财富。

别总抱怨时不我待，一天 24 小时，一小时 60 分钟，这对每个人都是公平的。真正懂得规划自己人生的人，总是懂得珍惜时间，知道什么时间做什么事，而不是做时间的奴隶。

要想做到这一点，必须对时间有合理规划的能力。

赫德利克在其著作《生活安排五日通》说："不要把所有活动都记在脑袋里，应该把它们都写下来。"这就是一种对时间的规划，合理的规划能够使自己做起事来事半功倍，更快地走向成功。

微软的总裁比尔·盖茨就是一个善于规划时间的人，虽然他很忙，但他把自己的生活和工作安排的井井有条。

他一周的规划从周末的假期开始，周末的假期是从周五晚间开始。他对周五很看重，每周五的晚上从不喝很多酒，因为他不想影响周六的时间安排。因为周五晚上到周一早上这段时间的长度接近三天，因此，比尔·盖茨将它当做一个整体时段来加以掌握。

在周六、周日比尔·盖茨通常和平时一样早起，偶尔也会晚起一两个小时。起床之后的整个上午主要是进修时间，到了下午，比尔·盖茨会将工作暂时付诸脑后，尽可能地调整自己的身体和心理状态，到了周日晚间便不再安排其他工作或娱乐计划，只管就寝，为下一周的工作养精蓄锐。

比尔·盖茨是一个懂得如何去经营时间的人，他能够管理规模庞大的微软公司，应付繁重的工作，和他善于规划利用自己的时间是分不开的。

本杰明·富兰克林说过："你热爱生命吗？那么别浪费时间，因为时间是组成生命的材料。"如果想成功，必须重视时间的价值。其实，合理利用自己的时间，本身就是对时间的一种节约和珍惜，合理管理自己的时间是非常重要的，有时候它关乎成败。

有些年轻人往往认为，几分钟乃至几小时的时间没什么用，其实它们的作用很大。把这些不起眼的时间充分利用好，就是成就卓越的秘诀。美国汽车大王亨利·福特曾说："大部分人都是在别人荒废的时间里崭露头角的。"鲁迅也说过："哪里有天才，我是把别人喝咖啡的工夫都用在工作上的。"

对于踌躇满志的年轻人来说，除了拥有满腔的热情，还要学会充分合理地利用自己的时间。要想取得比别人更大的成绩，就要付出比别人更多的努力，而要想在有限的时间获得更大的价值，就要学会利用零碎的时间，学会规划自己的时间。

年轻人应谨记：集中时间，做重要的事；分配时间，做应做的事；收集时间，做难做的事；挤出时间，做想做的事；安排时间，做快乐的事；善用时间，做有益的事！千万不要浪费时间，做没有意义的事！

活着，就是幸福

汶川地震期间，有一个男子已经在废墟里面困了 50 个小时，当搜救人员赶到的时候，他们看见有一块巨大的石板压住了他的左腿，这给这次救援行动增加了难度，因为就在这块石板之上，有一栋摇摇欲坠的楼房。如果把这块石板给移动开的话，就有可能会让整栋房子都塌掉，后果是不堪设想的。

站在一旁的妻子哭喊着："求求你们，快救救他，他千万不能死！"最后，男子被成功地救出，只不过，他永远也不会再长出一条左腿了。

有媒体再次去采访这名男子时，男子看起来一点也不悲伤，脸上反而洋溢着幸福的气息。他对媒体说过这样一句话："虽然我失去了一条腿，不过我还活着啊，这对我来说就是最大的幸福！"

"我还活着，这对我来说就是最大的幸福"，多么好的一句话啊！因此人活着首先要懂得珍惜，珍惜目前所拥有的一切，或许你正在经历挫折，或许你正在享受快乐，这些都是你真正的财富。挫折可以锻炼你的品质，让我们变得更加坚强。快乐可以让我们拥有一个良好的心情，更加有利于我们去寻找幸福的生活。

也是在汶川地震中，作家李西闽被困在废墟里面76个小时，获救后，他在病床上用一只手创作了《幸存者》，其中里有这样一段话：“你是一个幸运的生命，你还活着，还可以吃饭，还可以喝水，还可以看到高远的天空和人间景象，还可以和别人握手，感觉到人体的温暖和无声的爱……”

活着就是要幸福，寻找幸福就是活着的理由。有些人在为自己活着，也有些人在为别人而活着，可两者无论是哪一个，只要感到快乐了，那么他就是幸福的。因为只有在我们好好活着的前提下，才有资本去寻找幸福的源头。

因此，在漫长的人生道路上，我们要时刻珍惜生命，只有这样，我们才能获得一个幸福的人生。

有个小伙子，过着无忧无虑的生活，可是他并不喜欢这种生活，反而对这种平淡的生活，感到无聊和厌倦。为了寻求刺激，他报名参加了一个极具挑战性的游戏。

这个游戏就是山洞求生，游戏的规则是：一个人在山洞里面生活，除了每天给他提供5千克的水以外，别的什么也没有。游戏的时间为连续5个昼夜。

第一天，青年感觉游戏很刺激，很好玩。

到了第二天，因为山洞里面没有光和火，所以在里面什么也不能看见，孤独和恐惧充满了整个山洞。这个时候，小伙子开始回忆起了以前的生活。

想起了老母亲从老家不远千里的赶来，只为了看看生病的小孙子；

想起了相伴多年的妻子为自己做的饭；想起了儿子淘气时可爱的样子；他还想起了一位曾与自己发生过争执的同事，后来为自己买过的一份工作餐……慢慢的，他开始反思平日生活，每天都懒懒散散，对一些事情总是得过且过，不懂得感激别人。

第三天，他几乎快要坚持不住了，不过当他想到人世间的美好，心中便充满了光明。就这样，5天终于过去了。当阳光照射进来的那一刻，他看见：白云在蓝天上自由地飘荡着，下面是青山绿水，中间还有鸟语花香。于是脸上又出现了久违的笑容。

生命是最为珍贵和美好的，因为它只有一次，可是当我们处于平安的时候，却常常忽略了这一点，也许只有那些经历过生死考验的人，才能真正体会到这一点。

其实活着，本身就是一种幸福。当你可以笑着、哭着、吃着、睡着，真真实实地感受到生命的流动时，你的存在就是一种幸福。只要活着，就代表着我们还有追求幸福的资本和契机，虽然有很多事情不是我们所能左右的，不过在我们还拥有鲜活生命的今天，至少可以做到珍惜生命。

佛经上说："出息不还，则属后世，人命在呼吸之间耳。"呼出一口气，却不能吸进来，那么你就已经不在人世了。生命就是这样存在于一呼一吸之间，如此简单，又是如此珍贵。在这个变幻莫测的世界里，虽然人事无常，但我们依旧可以感受到人世间最深刻的幸福和快乐，因为我们还在呼吸，因为我们还活着。

摆脱那些名和利，看淡一切恩和怨，用一颗平常、宽容、慈悲的心善待生命、珍惜生命。还要用这宝贵的生命去做自己喜欢的事，过自己喜欢的生活。这些才是人生真正的幸福。

此刻，是最珍贵的礼物

曾经有一个哲学家，在周游世界的时候，无意间在古罗马城的废墟里发现了一尊双面神像。哲学家非常好奇，便走上前去询问双面神："大神，我有一个问题想不明白，请问你为什么只有一个头，却有两副面孔呢？"

双面神说："我的两个面孔是有特殊功能的，我的其中一个面孔察看过去，以吸取教训；另一个面孔仰望未来，给人以憧憬和希望。"

哲学家更加不解，继续问："可是，过去的已经过去了，未来又尚属未知，都是没有意义的，你为什么拥有两面，却没有一面注视最有意义的今天呢？昨天是今天的逝去，明天是今天的延续，你不无视现在，就算你对过去了如指掌，对未来洞察先机，那又有什么意义呢？"

双面神听完哲学家的话，顿时泪如雨下。这时，他才知道罗马城之所以被人攻陷，正是由于自己一面看昨天，一面看明天，从而忽视了最有意义的今天，导致罗马城被攻陷，自己也被丢在罗马城的废墟里。

法国伟大的哲学家兼数学家巴斯葛曾说过："我们向来不曾享受现在；在我们的一生中，不是沉湎于过去，就是盼望着未来；不是去抓住已经如风的往事，就是嫌时光的走的太慢。我们实在太傻了，竟然用一生的时光，去留恋那些根本不属于我们的时光，而忽略了唯一属于我们的时刻。"

在岁月的长河里，过去的一切美好都已经成为历史，而未来又处于一个未知之数，我们与其去苦苦地追寻过去和未来这两个虚无缥缈的名词，还不如把握此刻的幸福。

可惜，现实社会中不少人却不懂得这个道理，总是一味地留恋或抱怨过去的事情，或者一味地憧憬未来更美好的东西，忽视我们当前所拥有的此时此刻，如此我们的心便处于浮躁的状态，难以把控生命的脉动。

著名作家斯宾塞·约翰逊写过一本名为《礼物》的书，里面有这样一个故事。

有一个孩子问一位充满智慧的老人："世界上有最珍贵的礼物吗?"

老人回答道："有！世界上最珍贵的礼物可以让人生获得更多的快乐和成功，可这个礼物只有依靠自己的力量才能找到。"

于是，这个孩子从童年到青年，走遍千山万水，用尽所有的办法四处找寻这个最珍贵的礼物，可是他越拼命寻找，越感到生活不快乐，而他生命中那个最珍贵的礼物自始至终都没有出现。

到后来，气急败坏、心生绝望的年轻人决定放弃，不再没有目的地追寻世界上有最珍贵的礼物了——而此时的他赫然发现，苦苦寻找的东西原来一直在自己的身边，这个人生最好的礼物就是——"此刻"。

此刻，便是最珍贵的礼物。逝者不可追，来者犹可待。即使每天祈祷一百遍，我们也不可能回到从前，或者提前到达未来。可是，生命正以令人难以置信的速度飞快地溜走，幸福不是等待，也不是有希望，幸福往往只是一瞬间，而我们最应该做的，就是不要荒废现在的幸福时刻，而要去尽情享受此时此刻。

未来还没有来临，而过去再美好的事也已经成为了历史。过去与未来并非属于当前的我们，它们只是处于“曾经存在”或“可能存在”的状态，而唯一正在存在的是现在。现在是属于我们的，享受此时此刻，才是人生的最大幸福!

美国著名的医学家奥斯勒教授享年 98 岁。他的生活秘诀是：经常说‘今天最好’。生活是由昨天、今天和明天组成的。对于昨天，奥斯勒教授的态度是：我们应该把死亡的昨天彻底埋葬，何苦让昨天的烦恼来干扰我们的生活呢？对于明天，奥斯勒教授说：我们也不要为明天忧虑，不要为还没有发生的事情而忧虑。对于今天，他满怀深情地说：今天，只有今天，才是真真切切的生活。我们决不能让对昨天和明天的忧虑破坏今天宁静的生活。“今天最好”是人永远年轻的真谛!

错过了太阳，还有星星

著名作家泰戈尔曾经说过这样一句经典的话：“如果你因为错过太阳而哭泣，那么你也将错过星星了”。在我们的一生中，事情不会总是那么如意，不如意的事情也是经常光临的。每逢此时，我们若不能正确面对人生的这些缺憾，将其一直纠结于我们的内心深处，这样只会加重我们的痛苦和烦恼。

在现实生活中，也有不少事情过去了，我们难免在想起来的时候生出悔感。有时候，我们决定了一件事情，会后悔，不做决定，也会后悔；人生中出现的重要人物遇见了，会后悔，错过了，也会后悔；一些藏在心里的话说出来，会后悔，憋在心里一直不说出来，也会后悔……就好像，人的后悔和遗憾是与生俱来的一样，其实在更多时候，我们需要自己安慰自己：错过了太阳，我们还有星星。

在美国的一个较小的镇上有一个班级，它是由二十六个孩子组成的。

在这些孩子当中，几乎所有的孩子都曾经有过不好的人生记录，有人吸毒，有人进过少年管教所，还有一个女孩竟然在一年时间里堕胎三次。其实，这些孩子的家长都拿他们没有办法，所以说，老师和学校差不多算是将他们放弃了，自然也不抱太大希望了。

就在此时，一个叫菲拉的女老师接管这个班的学生们。在新学年开始的第一天，菲拉打破了其他老师的整顿纪律之常规，而是先让孩子们做了一道选择题：

从前有3个候选人，分别是：第一个人笃信巫医，这个巫医有2个情妇，不仅有多年的吸烟史，而且还总是嗜酒如命；第二个人是曾2次被赶出办公室的人，他整天睡懒觉，晚上临睡前总是要喝上大概1升的白兰地，并且还吸食过鸦片；第三个人曾是国家的战斗英雄，是素食主义者，从不吸烟，只是偶尔喝点酒，在年轻的时候没有违法记录。

接下来，菲拉让孩子们从中选出一位日后能造福于人类的人。可以肯定地说，孩子们都选择了第三个人。可是，菲拉公布的正确答案令孩子们都很惊讶："孩子们，我知道你们一定都认为只有第三个人才有可能造福于人类，但是你们此次真的错了。其实，我说的这三个人分别是富兰克林·罗斯福、温斯顿·丘吉尔和阿道夫·希特勒。"孩子们听完老师的答案后，都目瞪口呆。

紧接着，菲拉对孩子们说道："孩子们，你们的人生才刚刚开始，以前的不好记录早已成为了过去，并不代表你们的未来。所以，你们快从中走出来吧，学在当下，做自己最喜欢的事情，你们都将成为了不起的人才……"

后来，二十六名孩子的命运都得到了改变，关键就在于菲拉的这番话。有的孩子现在当了心理医生，有的成为了法官，有的成为了飞机驾驶员，等等。很值得一提的是，当年那个最捣蛋的学生罗伯特·哈里森竟然成为了美国华尔街上年龄最小的基金经理人。

孩子们在长大以后，都这样说道："我们都原以为自己真的是无可救药了，因为所有的人都这么认为。但是，是菲拉老师将我们叫醒了：过去并不代表未来，过去并不重要，我们把握住现在和将来才是最为重要的呀。"

每个人的一生中，谁都希望自己要做的每一件事都不会是错的，但是，在人生路途之上，人是不可能不走弯路，不可能不出错的。关键是，我们在意识到自己走错的时候，应及时将弯路矫正过来，但是，此时有后悔情绪并非异常，从更大程度上来讲，这种后悔其实是一种自我反省，是自我解剖与抛弃的重要前提，只要是积极的后悔，我们就能走好以后的路。但是，若只是缠住后悔不放，自暴自弃下去，那当然就属不明智之举了。

如果我们没能如愿得到自己想要的东西，千万不要让忧虑和悔恨搅乱了我们的生活，我们要学着豁达一些，宽容一些，尽快忘记过去，不让过去毁了现在，这才是我们走向成功的关键所在。也就是说，如果我们将所有的时间和精力都用来回忆过去上，那么，就相当于我们在无情地用后悔来扼杀现在。所以说，我们每个人都要尽快忘记过去，不活在过去的世界里，这样我们才能把握住不久将来的幸福。

其实，我们即便是错过了温暖的太阳，但是，我们还有月亮，还有星星。但是，有一点很重要，那就是，在我们无意错过了太阳以后，千万不要再错过星星和月亮。只要坚持自己的努力，就一定不要再让遗憾上台重演。

当爱已成往事

亚瑟·戈登是《给年轻人最好的建议》一书的作者，是一位颇受欢迎的美国作家。一天，他去拜访精神病学专家布兰顿博士——这两位老朋友约好在饭店共进午餐。

亚瑟·戈登提前到了一会儿，他坐在沙发里悠闲地等着布兰顿博士。但是在独自等待的间隙里，他不知道为什么开始不自觉地回忆起不愉快的往事来。他面色沉重地坐在那儿发呆，直到布兰顿博士走到跟前都没发现。

博士看到他愁眉苦脸的样子就问：“怎么了，亚瑟?”

“哦，是这样的，”亚瑟这才抬起头来，“我只是想起了过去的经历，感到很后悔。有很多事假如当初不那么做就好了。”

博士若有所思地说：“吃过饭顺便去我的办公室坐坐吧，我想给你听些谈话录音。”到了办公室里，博士拿出一盘录音带：“这是三个人的谈话，他们都存在不同的心理问题。”

磁带放过之后，博士问：“告诉我这三个人的谈话有什么共同点?”亚瑟想了一会儿，并没有发现那三个人的谈话有什么共同之处。

“那么，让我告诉你吧，”博士开口道，“他们都不由自主地重复着同一句话——假如当初怎样怎样就好了。这句话就像毒药，它就是产生心理问题的根源。总是对过去念念不忘的人，又如何对未来和新生活倾注精力呢？你必须学会用另一句话代替它，那就是——下一次我会怎样怎样。这句话能够愈合心灵的创伤，让你拥有健康积极的心态。”

曾经听到有人说，当人开始沉湎于回忆过去的时候，也就是心态逐渐苍老的时候了。每个人都有属于自己的回忆，这些回忆有的是留恋曾经的美好，有的是耿耿于怀于过去的痛苦。人生中每一段记忆，都是生命的慷慨馈赠，但是这些馈赠，应该成为照亮今后生活的明灯，而不应该成为禁锢生命的阴影。

生活，不仅要有回忆，更要懂得继续。该放手时切要放手，莫把回忆变成沉重的心灵包袱。更何况，人的生命有限，年轻人的时间尤其宝贵。当活在对失去的回忆中时，时间却并没有因任何理由而稍作须臾的停留。

所以，不要去贪恋已经逝去的过去，不要去争取根本不可能回头的曾经。假如纠结于过去，就无法全力追逐未来。每一段回忆，不论美好还是痛苦，都是对过去一段时间的总结，对人们来说，也许一生都难以忘怀。

但是难忘并不代表我们需要时时把它们翻出来缅怀，生活还要继续，偶尔的回忆若能带给我们一些反思，一些建设性的指导，那么它是有益的，若常常沉湎其中，停下了继续前行的脚步，那就不是幸事了。

新华网曾经报道了一对9·11的幸存者——简·波特和丹·波特的故事。

9·11之前，简·波特是美国银行的一名行政助理，她习惯每天提前一点来到办公室。2001年9月11日，简像往常一样来到世贸中心北塔81层的办公室为一天的工作做准备。突然，她听到了巨大的爆炸声，大楼剧烈地晃动起来。

那天，两架飞机撞击了纽约世贸中心的双子大楼。飞机汽油顺着电梯流出并且迅速地被点燃，烟雾开始在整幢大楼里蔓延，温度迅速升高，屋顶开始洒水。简非常惊恐，她向消防通道跑去并从那下楼，还在途中救了一位腿部受伤的亚裔男子。

简幸运地走出了大楼，当她刚刚走进一个地铁站时，双子座的北塔轰然倒塌。当时她亲眼看到自己丈夫的朋友文尼·贾莫纳——4 个女儿的爸爸，再也没能从大楼里出来。简感觉那一刻很不真实，虽然当时她已经逃出了大楼，但是恍惚间又觉得自己仍在大楼里。

简的丈夫丹·波特是一名消防员，在妻子逃亡的时候，他正和其他消防队员一起第一时间进入了救援现场。

好多东西开始往下掉，不断有石块和其他东西砸到丹·波特的头盔上。在营救的过程中丹一直担心着简的安危，他希望在大楼里看到妻子，但同时又希望她不在楼里。在结束了第一阶段的救援任务后，丹绝望了，因为他并没有看到简的踪影，当时一路上有许多人的尸体，许多警察已经把尸体盖上。

丹最后的希望是几个街区以外的家，由于救援紧急，他没有带钥匙，破门而入后，妻子并不在，当时丹几近崩溃，倒在地上痛哭不止。然后，他爬起来，开始疯狂地打电话给所有简认识的人，期待着奇迹出现，但是没人知道简在哪里。

直到晚上，丹终于找到了简，两人只知道不停地感谢上帝给了他们一次重生的机会。然而他们的新生活将与此前截然不同。

丹一直参与世贸中心的救援及清理工作，一直到 2002 年 8 月清理工作完毕。但是，他和妻子都活得非常痛苦。他们的脑海中一直充斥着当时的画面，就像一层乌云压在心头。他们当时很没有耐心，每天都很烦躁，相当长的时间内都无法平静下来。

第7味 惜年

往事悠悠何处说，水月一梦尽繁华

“9·11”改变了简和丹的一切，他们都出生、成长在纽约，他们爱这座魅力独特的城市，但是每当他们看到世贸遗址，心灵的创伤便一次次地被唤起。严重的心理压力不得不令他们作出了痛苦的决定——搬离纽约。

于是，丹决定在2002年的8月退休，他准备跟妻子重新找个地方安定下来，治愈伤口，重新开始，继续生活。于是简和丹搬到了距离纽约两小时车程的宾夕法尼亚州，在位于波科诺山脚下的安静小镇里开始了他们的新生活。

简找到了一份新工作，同时也开始了她新书《承蒙天恩》的写作，夫妻两人终于从过去的痛苦回忆中走了出来，继续他们的新生活。

人们难免怀念过去，不论悲哀欢喜，都是我们曾经经历过的人生，也是不可替代的珍贵回忆。如果现实生活不如意，人们就会倾向于美化过去，在他们心中，过去的天比现在蓝，过去的人比现在单纯，过去的感情比现在真挚，过去的一切都有明亮的色彩，而现实却是黯淡的、苦闷的。沉浸在这种怀旧情绪中，人的精神也跟着低落。

还有一些人，总是对过去受的伤害念念不忘，也许是受伤太深的缘故，他们总是反复诉说，悔恨，恨不得时间倒转重来一次，再做一次选择。他们认为自己是受害者，长久地抓着过去不放，希望给自己一个交代，事实上，过去就是过去，不会对你做出任何补偿，你缠着它，耽误的是你自己，为难的也是你自己。

每个年轻人都会有这样那样的回忆，比如学业上成功的快乐，比如与初恋情人分手时的痛苦，但是年轻人要学会拿得起，放得下。感情，会浓，也会变淡，往事已逝，即使有千般不愿，万般不舍，也阻止不了它的离去。

生命还要继续，生活还要前行，有时候回忆真的不如遗忘。特别是痛苦的回忆，有时候，遗忘就是最好的解脱。在被回忆困扰的第二天早上，打开窗户，让新鲜空气进来，选择遗忘，让过去的一切无影无踪。

所以，我们不要总生活在回忆里，废墟上开不出美丽的花朵，只有走出过去，珍惜当下，不被回忆束缚，才能够走得更快，走得更远，走得更轻松，才能拥有真正的海阔天空。

第8味　宽怀：笑看荣辱沉浮，静观对错得失

如果仇恨，只为了痛苦，为什么不宽恕？如果生气，只会更难过，为什么不原谅？如果，执著只会越陷越深，为什么不放开？如果每颗心都有一个最温暖的领地，那么它一定会在宽容的地方。如果，你到了那个地方，你的心便会如同一朵盛开的莲，美丽而静好。

因为宽容，所以慈悲

《六度集经》里有这样一个故事：

长寿王仁政爱民、慈悲为怀，使国家风调雨顺、财富民丰。然而不曾想却因此而勾起了邻国贪王的野心，准备出兵抢夺。长寿王不愿殃及无辜百姓，便决定舍弃了王位，与儿子长生一起遁隐山林。

贪王占领了长寿王的国土后，欲壑难填，仇意肆起，下令追捕长寿王父子。长寿王在一次敌我力量悬殊的偷袭中，为了保护儿子而不幸被捕。临死前，长寿王看到自己的儿子混杂在人群中，满怀仇恨地盯着贪王，便大声说："希望我的儿子能以仁为诫，以德报怨，不要为我报仇。"

虽然听到了父亲的遗言，但满腔怒火的王子一心只想着报仇。于是他千方百计地得到了贪王的赏识，进而成为贪王的贴身侍卫。

在一次伴随贪王出行的途中，长生刻意让贪王远离随从，在山林间迷了路。筋疲力尽的贪王躺下来休息，在其熟睡之际，长生正准备动手杀了他，但忽然想起父亲的遗言，便犹豫不决起来。

最终，长生决定尊奉父亲的遗言，原谅贪王。同时，主动向贪王表明了自己的真实身份，并说："你杀了我吧，免得我报仇的念头又死灰复燃。"

震惊的贪王被长寿王父子的宽容和仁慈所感动，当下幡然醒悟。于是将国土归还给了长生，两国从此结为兄弟之邦。

贪王自己也一改残暴，像长寿王一样善待人民、体恤疾苦了。

第8味 宽怀

笑看荣辱沉浮，静观对错得失

因为宽容，所以慈悲。宽”被圣人奉为五德之一，一个宽宏大量的人，才能与众人相交。英国哲学家培根曾这样论及报复：“报复的目的无非只是为了同冒犯你的人扯平，然而有度量宽谅别人的冒犯，就使你比冒犯者的品质更好。”

《宽容之心》中写道：“一只脚踩扁了紫罗兰，它却把香味留在了脚跟上，这就是宽恕。”世界上只有一种人能够做到没有永远的敌人，那就是懂得宽恕之道的人。对于仇恨来讲，宽恕往往比报复难做得多，但这也正体现了一种对人对事包容、接纳的气度和胸怀。

就像圣严法师所说：“慈悲没有敌人，智慧没有烦恼。”真正的宽容来自于博大的胸襟，来自于爱人如己的智慧。生命的意义就在彼此的接纳中展现出它的和谐之美。一个饶恕别人的人，也会因为自己的生活中不再充满仇恨而得到心灵的释放。

美国著名的建筑大王凯迪和飞机大王克拉奇感情很好，凯迪有一个十分漂亮的女儿，而克拉奇有个年轻有为的儿子，他们为了让关系继续延续下去，于是不顾子女的强烈反对，撮合他们成了婚。

这两个年轻人的感情不好，经常吵架。后来，凯迪的女儿竟然不幸惨遭杀害，而据警方详细调查后，搜集来的证据都指向克拉奇的儿子。经过审判，法院作出判决，克拉奇的儿子谋杀罪名成立，被判终身监禁。

令凯迪一家较为恼火的是，克拉奇的儿子在事实面前却从来不承认是自己杀害了凯迪的女儿，而克拉奇也极力地为儿子的罪行拼命奔走上诉，又千方百计，拐弯抹角地不惜重金为凯迪一家做经济补偿，以求得凯迪能到监狱去为儿子说情。

而凯迪一想到自己惨死的女儿，就犹如一把钢刀插进心窝，心疼痛难忍，痛斥克拉奇的儿子是罪有应得，埋怨自己当初怎么就看错了人，这令克拉奇很是恼火。

自此，凯迪和克拉奇从秦晋之好变为了敌人，仇恨无情地笼罩着这两个名门望族，他们的内心得不到片刻的平静，再也没有真正地快乐过。他们明争暗斗，结果双方都损失惨重。就这样一年又一年过去了，就在痛苦折磨了他们20年之后，事情终于真相大白，凯迪女儿的死根本就和克拉奇的儿子无关。这件事在美国激起了轩然大波。

面对记者的采访凯迪与克拉奇不约而同都说了同样的话："20多年来，我们所受的心灵上的折磨是用任何金钱也支付不起的！"

仇恨让两个本来很要好的朋友成为敌人，不知他们的多少黑发变白发，也不知道仇恨夺走了多少属于他们的快乐。既然如此，我们何必固执地抱着仇恨，让仇恨折磨自己也折磨他人呢？

怨恨是斩断我们友谊的利器，而宽容是友谊的桥梁。对于仇恨来讲，宽恕往往体现了一种对人对事包容、接纳的气度和胸怀，是对仇恨最好的回应。就像人们常说的，我们的心如同一个容器，当爱越来越多的时候，仇恨就会被挤出去。

舍弃怨恨、学会宽容就是在解脱自己、成就自己。放下仇恨，用宽容的心溶解仇恨，体现了一种宽广的胸怀，我们会获得别人的感激和支持，让自己的生活少一份障碍，我们的人生之路也就将走得更顺畅一些。

消除仇恨并不需要刻意地复杂而为，只要用一颗简单的宽容之心来不断充实自己，那么仇恨自然也就没有容身之所了。舍弃怨恨，有容人的雅量，心平气和地容纳世间的是非对错，包容人世间一切的喜怒哀乐，我们的心灵不受任何的羁绊，生活中也就没有任何烦恼能够扰乱我们平静的内心，我们自然就能获得那份难得的从容与超然。

所以，如果你现在正在被怨恨折磨着，那么赶紧敞开你的胸怀，学着宽广一点，包容一点吧。以宽容之心对待，以理智之态处理，让心灵自由自在地飞翔，那么在不知不觉中便会创造出许多美好。

不生气就是幸福

一个寺院里住着一位德高望重的住持和一群小和尚。寺院戒律很严，一到晚上，寺门就会关闭，无特殊情况是不允许出寺的。

一天晚上，用过斋饭之后，住持独自在寺院里散步。走到寺院南边的高墙时，他突然发现了一把椅子斜靠在墙上，他马上想到这可能是哪个贪玩的小和尚翻墙出去玩耍了。住持没有声张，走到墙边，移开椅子，就地而蹲。

等啊等啊，一直等到午夜时分，果真有一个小和尚翻墙回来了，黑暗中他踩着住持的背脊跳进了院子。当他双脚着地时，才发觉刚才踏的不是椅子，而是住持。小和尚顿时惊慌失措，张口结舌。但出乎小和尚意料的是住持并没有厉声责备他，只是以平静的语调说："夜深天凉，快去多穿一件衣服。"

老方丈宽容的态度，感动了那位小和尚。自此，小和尚再也没有违反寺规，私自出寺，而是暗暗的努力修炼。过了很多年之后，他成了一位颇有造诣的高僧。

夕阳如金，皎月如银，人生的幸福快乐尚且享受不尽，哪里还有时间去生气呢？要知道，对我们来说，不生气就是一种幸福。

面对生活，你或许有点疲惫不堪，如果我们善于调理和控制自己的情绪，就能把生气这种不良情绪消灭在萌芽状态中。要知道，气是由别人吐出来而你却接到口中的那种东西，你吞下便会反胃，你不看它时，它便会消散。

如果说怒气是斩断情意的利器，那么宽容就是沟通情感的桥梁。愤怒时，静下心来，以宽容的心态待之，那么就能够将大事化小、小事化了，而和风细雨地化解了矛盾，不仅能为我们获得好人缘，还能让自己轻松地获得一份淡定平和的心态。

王宏是一位专业的程序设计员，由于出色的工作能力，他到公司不到半年，就坐到了主管的位置，而被替换的旧主管自然是不服，他认为是王宏影响了自己在公司的发展，所以视王宏为眼中钉肉中刺，一见到他就气就不打一处来。

有一天，旧主管实在是压抑不住心中的怒火，他怒气冲冲地跑到王宏面前说："都是因为你，为什么你总是这么打压我。要不是因为你，我肯定会得到领导的重视，步步高升。可是就是因为你，我才没有施展才华的机会。"

面对对方突如其来的怒骂，王宏有些不知所措。但是他强忍住心中的怒火，心平气和地说："我不知道你为什么这么说，但我扪心自问，我没有做任何对不起你的事。如果我真的有什么地方做错了，请你说出来，我向你道歉。"

旧主管原以为面对自己的无理取闹，王宏肯定会勃然大怒，如此一来就干脆来个鱼死网破。但是王宏如此诚恳，出乎他的预料，他不知道接下来该怎么收场。其他的同事看在眼里，都劝他消消气，有的人甚至还批评他的无礼。

让旧主管更为感动的事，在自己被众人指责成为众矢之的的时候，王宏并没有落井下石，而是对其他的同事解释说："没有关系的，他是最近的压力太大了，有些事情是我做得不够到位，不能全怪他。"

这下，王宏不仅把旧主管的怒火给彻底浇灭了，还赢得了其他同事的赞叹。旧主管对王宏产生了莫名的钦佩，用感激的眼神看了他一眼，从此他摆正自己的心态，与王宏冰释前嫌成为好朋友，二人被公司誉为"黄金搭档"。

自己愤怒的时候，要静下心来，别人生气的时候，自己更要心平气和。当别人生气时，你唯有不生气地去宽容，才能在照耀着自己的同时温暖别人。

宽容是一丝春雨，滋润着我们每一个人的心灵，没有什么比宽容更让人感到伟大了。就像雨果曾说过的："世界上最宽阔的是海洋，比海洋还宽阔的是天空，比天空还宽阔的是人的胸襟。"

大海是因宽容，才成就了自己的浩瀚，而天空也是因为宽容世间万物，而变得辽阔异常，而我们人类的胸襟也只有因为宽容，才能变得像大海一样浩瀚、像天空一样辽阔。

在大宋初年，有一位名叫高防的武将。他的父亲战死沙场，在他16岁的时候被澶州防御使张从恩收养，后来做了军中的判官。

有一次，一个名叫段洪进的军校偷了公家的木头打家具，被人抓获。张从恩见有人在军中偷盗公物，不觉大怒。为严肃军纪，下令要处死段洪进以警众人。在情急之时为了活命的段洪进编造谎言，说是高防让他干的。

本来这件事也不至于犯死罪，张从恩对其的处理有些过头，高防是准备为其说情减罪的，但现在自己已被他牵连进去。想到凭自己与张从恩的私交，应承下来虽然自己名誉受损，但能救下军校的性命也是值得的。

所以张从恩问高防是否属实，高防就屈认了，结果军校段洪进果然免于一死，可张从恩从此不再信任高防，并把高防打发回家。

直到年底，张从恩的下属彻底查清了事情真相，张从恩才明白高防是为了救段洪进一命，代人受过。从此张从恩更信任高防，又专程派人把他请回军营任职。云开雾散之后，高防不但没有丧失自己的生存空间，而且获得了更多人的尊重。

人的一生，要遇到许许多多让人生气的事，如果面对每件事都烦恼、生气、痛苦，那么，还有什么快乐而言呢？要知道，只有不生气，才是我们面对这些坏事所应有的态度，只有如此，我们的生活才会幸福、祥和。

其实，每个人的生活中都会有很多令人想要生气的事情，也许是令人恼火揪心的婆媳关系，也许是朋友之间的争吵，或者是你在某个场合与人发生了利益冲突……而你，只要静下心来，宽容一点，后退一步，事情就很好地解决了。

也许有人觉得，当两个人都在气头上，正在针锋相对的时候，单方面的宽容代表的是怯弱，然而，实际不是这样，这不是一种人性上的弱势，而恰恰表现出了你的智慧和大气，怀有一颗宽容之心的人必定是内心强大的人。

生气是习惯，也是选择。不生气的第一步，就是宽容。学着敞开你的胸怀，以一颗宽容之心待人吧。要知道，宽容是一种能够紧紧地将怒气中的人包围住的力量，在这样的气氛中，没有事情是不能通过和平途径解决的。

亲爱的我啊，请你不要哭

阿萍是个护士，她人长得漂亮，也非常的善解人意，只是性格太内向，以至于过了而立之年都没有找到一个合适的男朋友。同事们就劝她要走出去，多交际才能找到自己的白马王子，于是她参加了舞蹈社团。

经过一段时间，阿萍居然喜欢了社团的男舞蹈老师，男老师身材一流，舞技超群。他的一举一动都不停地冲撞着阿萍的内心。而男老师也对阿萍很有好感，两人的交往多了起来，而且越走越近。

突然有一天，男老师告诉阿萍自己已经有了家室，但是他和妻子的感情很不好，现在正在办理离婚手续。阿萍很是伤心，但是她爱男老师已经爱得无法自拔，她想一生一世都和他在一起，便原谅了他。

谁知，没有过多长时间，男老师的妻子居然饮恨自杀了。而阿萍无法面对自己对别人造成的无边伤害，不仅断然拒绝了男老师的爱意，而且还伤心地辞了职，整日哭泣不已，也曾几度想离世而去……

大多数人都会认为宽恕是指原谅别人的错误，包容别人的罪过。其实，我们也要学会宽容自己，甚至宽恕自己要比宽恕别人更值得提倡。

我们要学会宽容，不但要学会潇洒地放过别人，同时也要学会宽容自己，把自己的思想和身体从羞愧和内疚中解放出来，进而获得自由，获得快乐。宽容自己，是一种善待自己的方式，也是一种完善自己的能力。

也许，你会认为有别人宽恕我们就够了，但是他人的宽容只不过为一颗受伤的心带来一丝慰藉，自我的宽容则是一种发自内心的善待自己，能使这颗心迅速地恢复往日的活力，获取到前进的勇气和力量。

一个人，如果不知自我宽容，一直责备或苛求自己，只会变得越来越孤僻，越来越挑剔，所以，连自己身边的任何人——你的配偶，你的孩子，你的父母，你的朋友，甚至你的小狗都会对你的痛苦感同身受。

他长得很帅，个子很高，不爱说话，有些淡淡的忧郁。Alana一见倾心，遂在心里暗暗发誓，今生非这个男人不嫁。俗话说“男追女隔层山，女追男隔层纸”，Alana终于如愿以偿，与他火速“闪婚”。但是幸福美满只维持了一年，有人和Alana揭那个男人的底，说他背地里如何如何花心，拈花惹草，还列了一串被他花过的名单。

Alana哭着问他：“你不是只爱我一个吗?”

男人低低地回答：“我是很想只爱你一个，但是我对你找不到以前的感觉了，何况周围的好女孩子太多了……”一气之下，Alana提出了离婚，对方也不含糊，立即就找来了一份离婚协议书。

这段时间里，Alana始终没能走出婚变的阴影，整日以泪洗面，懊恼不已，自己苦苦追求来的居然是一个如此没有责任感的无赖。

后来，在家人和朋友帮助下，Alana意识到不原谅自己，在脑海中不断地重播自己的错误，并不能帮助自己，她渐渐地学会宽恕自己，不再和自己较劲，才能找到生活中心和幸福。

Alana想对自己好一点儿，她去了美发店，将多年的一头长发剪成了干净利落又时尚的短发，又去商场购买了几款适合自己肤质的化妆品，最后还特意去买了漂亮的衣服和鞋。精心打扮了自己一番，看着镜中漂亮的自己，Alana的生命仿佛注入了新的活力，心情顿时愉快了很多，婚变的打击也没有那么让人难受了。

Alana有信心把握好下一段婚姻……

俗话说：“人非圣贤，孰能无过”，在生活的道路上，我们每一个人都难免会犯下这样或那样的错误，这时候，唯有进行自我宽恕，把自己的思想和身体从羞愧和内疚中解放出来，才能获得自由，获得快乐。

要知道，不管发生了什么，惩罚并不是最终的答案。而宽恕是我们能做到的调整自我最好的方法，我们应该宽恕自我的恐惧、生气、脆弱。同时，你应该相信：“即使我有缺点，我会犯错，但并不代表我一无是处。

当学会宽恕自己，尽可能地宠爱自己，不再自我虐待、自我惩罚，用宽松的心态去面对身边的人或事时，我们的心就会保持微笑，理性地面对现实，让自己拥有一个健康的身心和愉快的情绪，才能永远怡然自得，从而提高和完善自己。

吵架，我不会

第二次世界刚刚大战结束，英国举办了一场宴会，为一位战斗英雄授予爵士勋章。宴席期间，一位声名显赫的先生讲了一段幽默的故事，并引用了一句话，大意是“谋事在人，成事在天”。那位健谈的先生随后补充到，他所征引的那句话出自《圣经》。

当时戴尔·卡耐基也被邀请参加了此次宴会，当他听到这位先生如此说后，不由得笑了起来。因为他知道，这位先生说错了，那句话出自莎士比亚的剧本，而且他清楚地知道出自哪一幕的哪一场。

卡耐基终于还是按捺不住表现欲望，当场纠正了那位先生。没想到那位先生立刻反唇相讥："什么？出自莎士比亚？不可能！绝对不可能！那句话就是出自《圣经》。"

卡耐基有些不屑地说："如果你不相信，可以问问坐在我旁边的这位先生，他是我的朋友法兰克·葛孟，他研究莎士比亚的著作已有多年。"

谁知，葛孟并没有站起来，而是在桌子下踢了卡耐基一脚，并且低声说："你错了，这位先生是对的，这句话的确出自《圣经》。"

卡耐基茫然地看着葛孟，不知道他为什么要这样做。宴会结束之后，卡耐基私下里问葛孟："法兰克，你明明知道那句话出自莎士比亚，为什么要撒谎呢?"

葛孟回答："没错，我当然知道，那句话是出自《哈姆雷特》第五幕第二场。可是亲爱的戴尔先生，我们是宴会上的客人，为什么要证明是他错了的？那样会使他更加喜欢你吗？咱们为什么不保留他的颜面？因为他并没问你的意见，也并不需要你的意见呀。我们完全没有必要跟他抬杠，要记住，永远避免跟人家争吵。"

卡耐基一听，顿时愣住了。他这才意识到，为什么后来那位先生几乎不和自己说话，甚至许多人也都对他投来了异样的眼光！

正如英国的一句谚语："无谓的争论就像家鸽，它们飞出去后还会飞回来。如果你我明天要造成一种历经数十年直到死亡才消失的反感，那我只要轻轻吐出一句恶毒的评语就够了。"不要和别人做无谓的争论，你赢不了争论。要是输了，当然你就输了；如果占了上风，获得了胜利，还是输了，证明了你并不是一个会做人的人。

世界上没有两片相同的树叶，同样，每个人的思维也不尽相同。与人交往，我们与别人意见不同的情况是非常正常的，争执也时有发生。适当的争论，有时会让我们弄清事实的真相，这是积极的一面。

然而，能够在争论中保持情绪平稳的人，却是少之又少。在争论时，绝大多数人不免会心态失衡，要和对方争得“天昏地暗”，把别人批判得一无是处，不把对方说得哑口无言、低头认输绝不罢休。

早上一上班，身为科长的刘丹让下属魏红准备一下上报给部门经理的材料，可到了下午3点多，魏红还没准备好。这让刘丹很恼火。直到快下班的时候，魏红才把材料交上来。当时，部门主管郭大姐正好在办公室和刘科长谈论工作。

刘丹拿过材料来看了一下，发现里面有很多不清晰的地方，顿时很生气：“魏红啊魏红，你看你这是做的什么啊，做了一天居然做到这种程度，太不认真了！”

本来，魏红就因为刘丹的职位比自己升得快而心怀成见，再加上这件事，她更是难以服气，于是大声争辩说：“我写得不好，那么就让您这个很牛的科长自己写好了！”

两人这么一来二去，就吵嚷起来。站在一旁的老员工郭大姐马上劝说：“你们都别吵。刘科长，刚才王经理打电话叫你呢，你赶快去看看是不是有什么事情要处理吧。”

刘丹走了，郭大姐先让魏红消消气，然后对她说：“我知道为了赶这个材料你很辛苦，来，我再看看。小魏呀，你的字写得真不错，有些观点也很鲜明呢！看来真是咱们公司的后起之秀。不过，你再看看这个地方，我理解起来有点歧义，你可不可以帮我解释一下？”

“是吗？我再核实一下。还真是呢，我没有考虑周全，多亏郭主管帮我指出来了。我再改改。”

郭大姐继续说道："小魏啊，你很有才华，比我当初简直强得不是一点半点。不过呢，做任何事情都要谦虚、谨慎一些。以你的才华和能力，再加上这两项的话，肯定很快就出人头地的。对了，你拿回去再把材料好好修改下，明天把改好的交给刘科长，这样对你自己也有好处，对不对呀？"

"您说得对，郭主管，我一定尽力，还是您想得周全。谢谢啊！"

面对同样一件事，不同的语气和用词就会换来不同的效果。

生活中的相处并不是辩论赛，赢了往往什么也得不到，除了平添他人的恼怒、内心的怨恨。那些不愿意舍弃争论的人，不仅自己的心里不痛快，就连别人也不愿意与你交往，遭人冷落，受人排斥。丢掉了内心的和谐，失去了原本的友谊，最终倒霉的只会是自己，而不是别人。

由于人与人之间思维观念的千差万别，就很容易外化成人与人之间的争执与论辩，大至思想观念，小至看法和评论……争辩几乎无所不在。每当遇到彼此意见、想法与自己相左的情况时，我们就会出于本能得奋起辩驳，并希望大获全胜。这样一来，很多无益的争辩就这样发生了。

其实，即使争辩赢了，也并不代表你就胜利了。因为天底下只有一种方式能在争辩中获胜，那就是保持平静的心态，做好吃亏的准备。如果我们在问题和矛盾面前能够退一步，仔细思考一番，那么就能做出最冷静、最理性的选择。这样一来，我们在处理问题的时候就会更加自如流畅，结果也会超乎我们的预期。

错了，就一笑而过

宗演禅师还是个游僧的时候，在建仁寺的俊涯禅师座下参禅。夏日的一天，由于天气非常闷热，宗演就利用俊涯禅师外出时，躺在寺院的走廊上，伸展着四肢睡着了。

不久，俊涯禅师回来了，看到宗演那种“大”字状的睡相，不禁大吃一惊。同时，听到脚步声的宗演也惊醒，但已来不及回避，只好厚着脸假装继续睡觉。

“对不起！对不起！”俊涯禅师轻声地说道，并小心翼翼地绕过他的脚边，走进客厅。宗演此时则惭愧得冷汗淋漓！从此，一分钟也不敢懈怠，朝夕精进参禅！

俊涯禅师圆寂后，宗演慢慢成为一代宗师，领导三百学僧参禅，因为想到过去老师对自己的慈悲，连在走廊上睡觉都不责备，所以他待学僧一向都比较宽容。

后来，年老的宗演禅师，每日为教育学僧而操劳，日夜无法成眠，不得已，利用静坐的时候，小眠片刻。

有一次，在宗演座下习禅的一位学僧就批评道：“我们的老师宗演禅师，每天打坐的时候都有打瞌睡的习惯，我们问他为什么禅坐的时候打瞌睡？老师回答说：“我是去见古圣先贤，就像孔子梦见周公一样。”

这样的批评在学僧中流传很广，甚至后来学僧也学着利用禅坐时睡觉，宗演禅师仍不厌其烦地鼓励学僧好好用功。

学僧不服气道："我们是到梦乡去见古圣先贤，就如孔子梦见周公一样。"

宗演禅师毫不生气地问道："你们见了古圣先贤，他给了你们一些什么开示？"学僧无言以对，但均有所悟。

错了，就一笑而过。既然已经错了，责备也就没有了意义。生活和工作中常常有这样的人，他们总喜欢严厉地责备他人，使对方产生怨恨，不觉中使彼此的沟通难以进行，事情也办得一团糟。

每个人都能够为自己的错误行为找出一大堆的理由。即使一个人知道自己犯了错，也不愿意在公开场合承认这一点，更不愿意别人当面指出。如果有人当面指责，他会立即调动全部的智慧和力量来辩解。

其实，只有不够聪明的人才批评、指责和抱怨别人。而真正的智者则会用自己的威信去让别人折服。事实上，任何尖锐的批评和攻击，所得到的效果都是零。

卡耐基曾说："一百次中有九十九次，没有人会责怪自己任何事，不论他错得多么离谱。"的确，很多时候，我们总会为自己的失误找到理由，而对别人的过错进行责备。可实际上，我们用批评和指责的方式，并不能使别人产生永久的改变，反而会引起愤恨。

冀东梅在一家民营企业担任经理助理，负责协助经理做一些日常工作。

但是，工作过一段时间后，冀东梅察觉自己的顶头上司有一点"特别"——动不动就冲下属发火，特别爱指责下属，即使只是有一点小纰漏，他也要怒气冲天。于是，冀东梅千般小心万般注意，生怕一不留神就被经理凶一顿。

可即使这样，冀东梅也没躲过挨凶的“命运”。有一天，经理不知因为什么事情心情不好，一直板着个脸，当冀东梅将刚整理好的文件递交给经理时，经理极其不耐烦地快速翻看了资料，并且特别没好气地对冀东梅发火道：“你根本就没有用心搜集资料，这点事都办不好，你还能干什么？公司花钱让你来上班，不是让你来吃闲饭的！”说完将文件狠狠地摔在桌子上。

冀东梅被经理臭骂一顿后，心里觉得非常委屈，这些文件可是自己花了好多心血搜集整理出来的，经理不认真看也就罢了，还莫名其妙地对自己发火！冀东梅感到非常生气。

公司里和冀东梅有同样遭遇的同事不在少数，财会付小文也是“倒霉鬼”之一。

不久前，付小文因为处理工作上其他紧急事宜而延迟了递交财务报表的时间，将财务报表交给经理的那天，恰巧经理因为什么事心情不好，正在火头上。

他看都没看报表，也没问清楚原由就劈头盖脸地呵斥付小文：“财务报表怎么现在才交？早干嘛去了？你这种工作态度，迟早会被开除！”付小文听了，非常不服气，刚想解释，经理就挥挥手不耐烦地说：“你出去吧！我不想听你解释！”

可怜付小文憋一肚子苦水，有理都没处去说。

在不断的交往接触中，同事们都发现经理是个爱随随便便指责别人的人。虽然平时没事时有说有笑的，但是一心情不好就翻脸不认人。

私下里都对经理诸多不满，工作上也开始怠工，对经理下达的任务和指示也不再积极配合，甚至导致工作无法顺利进行。

半年多的时间过去，这位爱胡乱指责别人的经理明显感觉到了下属们对自己的不满，迫于这方面的压力，他不得不选择离职。

在与他人的交往中，一旦发现别人做得不好，就不管三七二十一地发泄出来。殊不知，这样的职责会严重影响人与人之间的友好交往，是侵袭人际关系的“毒瘤”，而最终的受害者不是别人，正是你自己。

众所周知，法庭上要确定一件事情的对与错，往往要做大量细致入微的调查工作，也就是先假设是无罪的，通过分析各种原因，找出人证物证，再做定论。在日常的人际关系中也是如此，无论别人错得多么离谱，都不要指责和抱怨，先抽出哪怕一分钟的时间，问问对方为什么这么做。

不要指责他人，并不意味着我们要放弃必要的批评。其中的原则首先应建立在尊重他人的态度之上，以对方能够接受的方式来批评。

古人云：冤冤相报何时了，得饶人处且饶人。如果别人做错了，不如一笑了之。正如亚里士多德所说：“全然的了解，就是全然的宽恕。”不要责怪别人，要试着了解他们，试着明白他们为什么会那么做，这比批评更有益处，也更有意义得多。

退一步，海阔天空

一辆公共汽车上，一个外地年轻人手里拿着一张地图研究了半天，问售票员：“去颐和园应该在哪儿下车啊？”售票员是个年轻姑娘，正剔着指甲缝呢，她头也不抬地说：“你坐错方向了，应该到对面往回坐。”要说这些话也没什么，错了就坐回去呗，但她多说了一句话：“拿着地图都看不明白，还看什么劲儿啊！”

旁边有个大爷听不下去了，对小伙儿说：“你不用往回坐，再往前坐四站换904路也能到。”要是他说到这儿也就完了，既帮助了对方也挽回了北京人的形象，可他多说了一句话：“现在的年轻人哪，没一个有教养的！”

车上年轻人好多呢，打击面太大了吧！旁边的一位小姐就忍不住了，“大爷，没教养的毕竟是少数嘛，您这么一说我们都成什么了！”这位小姐浓妆艳抹，袒胸露背，“您这样上了年纪，看着挺慈祥，一肚子坏水儿的多了去了！”

一个中年大姐冒了出来：“你这个女孩子怎么能这么跟老人讲话！你对你父母也这么说话吗？”女孩子立刻不吭声，可大姐又多说了一句：“瞧你那样，估计你父母也管不了你，打扮得跟‘鸡’似的！”接着，两人吵成了一团。

“都别吵了，赶快下车吧”，售票员说道，接着她又多说一句：“要吵统统都给我下车吵去，烦不烦啊！”

所有乘客都烦了，整个车厢炸开了锅，骂售票员的，骂时髦小姐的，骂中年大姐的……结果，引发了一场“暴乱”。

大文学家维吉尔就曾这样告诫我们：“无论遇到什么事，命运终将被忍耐战胜。无论发生什么事情，我们都应该首先考虑退步忍让。”在现实生活中，我们不可避免地要和别人交往，人际间的交往则免不了磕磕碰碰。此时，我们若不知忍让，不去克制，斤斤计较、针锋相对，与对方撕破脸皮，甚至大打出手，那么很可能小事化大，矛盾升级，麻烦不断。

事实上，当和别人发生矛盾时，我们最该做的就是冷静下来，退让一步。世间嘈杂扰攘中，有太多的是是非非，胸怀宽广一点，心底无私无怨，适当做出退让，那么很多事情都可以简化繁乱，从简从初。

“小气者斤斤计较，常戚戚。大气者大开大合，坦荡荡”。有了退让，我们就不会被认为是一介粗鲁的武夫；有了退让，我们就不会被认为是一条莽撞的汉子。有了退让，我们的天空就会一片晴朗；有了退让，我们就会有广阔的人缘和未来。换一句话说，如果我们想培养一份大气之美，想拥有更好的生活和未来，我们就得学会适时适当地退步。

有一位先生和他的爱人上岳父家吃饭，吃饭的时候，翁婿两人聊起了一条高速公路的修建问题。

女婿认为，公路的进度一再推迟，竣工的期限一再延期，是有关方面的严重错误。应该予以严惩，修路本身是利国利民的事情，总是耽误实在是很不像话。而岳父则不同意，认为公路本来就不该兴建。

二人你一言我一语，争论越来越激烈，谁也不能的得到对方的认可。后来岳父居然东拉西扯地对女婿说：“年轻人自私心重，没有环保意识。”显然二人的争论跑到了人身攻击上面，岳父已经开始在批评女婿了。

女婿害怕再争论下去，会伤害彼此之间的和气，于是婉转地说：“岳父大人，看来我们的看法永远不会有交点，不过没有关系，也许我们都是对的，也许我们都是错的，这是未可知的事。而且，我们说了半天只是代表个人的看法，无法影响事态的发展，我们谁胜谁负又有什么关系呢？”

岳父一听女婿的一席话，不仅给自己一个台阶下，也给双方都打了圆场，避免了无休止的争论，同时也避免了矛盾的扩大影响到翁婿双方的感情。于是二人又开始吃饭，聊了一些让人高兴的话题。

退一步海阔天空，让三分风平浪静。非畏也，非惧也，是大智慧也，乃真英雄也。女婿的一席话，不仅给自己搭了台阶，也给争论双方打了圆场。我们设想一下，如果女婿感情用事不肯退让，那么很可能惹火老岳父被臭骂一顿，这顿饭是吃不好了，以后的饭估计也很难吃好。

《菜根谈》曰：径路窄处，留一步与人行；滋味浓的，减三分让人尝。此是涉世一极安乐法。凡事让步表面上看好像是损失，但事实上由此获得的必然比失去的多。

在现实生活中也是如此，非要争出个是非有什么用呢？还不如胸怀坦荡一点，适当地做一下让步，这样既不会伤及彼此的感情，又能和风细雨地缓和双方的矛盾，还能彰显一种从容大度的修养，何乐而不为呢？

余地，留给你和我

战国时，楚庄王赏赐群臣饮酒，他的宠姬作陪。日暮时，正当酒喝得酣畅之际，灯烛被风吹灭了。这时有一个人因垂涎于楚庄王美姬的美貌，加之饮酒过多，难以自控，便乘烛灭混乱之机，抓住了美姬的衣袖。

美姬一惊，奋力挣脱，并顺势扯断了那人头上的帽缨，私下对楚庄王说要查明此事，并严惩此人。庄王听后沉思片刻，心想："赏赐大家喝酒，让他们喝酒而失礼，这是我的过错。

于是，楚王命令左右的人说："今天大家和我一起喝酒，如果不扯断帽缨，说明他没有尽欢。"群臣一百多人都扯断了帽子上的帽缨，待掌灯之后，大家继续热情高涨地饮酒，一直饮到尽欢而散。

过了三年，楚国与晋国打仗，有一个臣子常常不顾生命地冲在前边，最后打退了敌人，取得了胜利。

庄王感到惊奇，忍不住问他："我平时对你并没有特别的恩惠，你打仗时为何这样卖力呢？"

他回答说："我就是那天夜里被扯断了帽子上帽缨的人。"

正因为楚庄王给臣子留了余地，才换来了下属的忠心耿耿。

古人云："处世须留余地，责善切戒尽言。"给别人留余地，也就是给自己留余地。不给别人留余地，就等于伸手打别人耳光的同时，也在打自己的耳光。留余地，就是不把事情做绝，不把事情做到极点，于情不偏激，于理不过头。这样，才会使自己得以最完美无损的保全。

留余地，其实包含两方面的意思。一方面，给别人留余地。无论在什么情况下，也不要把别人推向绝路，万不可逼人于死地，迫使对方做出极端的反抗。这样一来，事情的结果对彼此都没有好处。另一方面，给别人留余地的同时，也是给自己留余地。让自己行不至绝处，言不至于极端，有进有退，以便日后更能机动灵活地处理事务，解决复杂多变的问题。

其实，给别人留一些余地，本质上也是在给自己留余地。断尽别人的路径，自己的路径亦危；敲碎别人的饭碗，自己的饭碗也脆。

李·艾柯卡刚进福特公司时只是一名低级推销员。后来，他推出新的推销方案"50计划"，使他负责的地区从全公司业绩最差一跃成为各区之首，一下子轰动了福特公司总部，他的职位也得到了晋升。

不久，他主持设计的"野马"车又为公司创造了数十亿美元的利润。1965年，他开始出任公司的轿车和卡车系统的副总经理。经过十多年的奋斗，凭着天才的推销能力和杰出的研发组织能力，艾柯卡步步高升，成为了福特汽车王国的高层管理人员。

俗话说“功高震主”。艾柯卡的巨大成功招致了公司独裁者福特的嫉妒，使他越来越厌恶艾柯卡。福特对艾柯卡日增的威望深感不安，他不愿意看到在自己的王国里有一个功高震主的人与自己分庭抗礼，他更害怕福特公司会被艾柯卡夺走。于是，他毫不留情地解雇了艾柯卡。

艾柯卡在福特公司任职32年，当了8年经理，却被突然解雇。从巅峰坠入冰谷，这对艾柯卡来说打击是非常大的。昔日的朋友远离了他，妻子被气得心脏病发作，连女儿也骂他无能。他形单影只，成了世界上最孤独的人。

但他不是个随便退缩的人，既然福特与他化友为敌，他就要把这个对手的角色好好扮演下去。艾柯卡转而投奔克莱斯勒公司。经过一番努力，他领导的克莱斯勒公司在极短的时间内就抢去了福特公司的大部分市场，并很快跃到福特公司的前面。

面对巨大的亏损，福特后悔莫及。

人都有求生存、求发展的本能。如果有百条生存之路可行，在竞争中给他断去99条，留一点余地给他，他也不会跟你拼命。倘若连他最后一条路也断了，那么，他一定会揭竿而起，拼命反抗。想一想，世界之大，何必激人至此呢？

人生就是这样，不让别人为难，不与自己为难，让别人活得轻松，让自己活得自在，这就是留余地的妙处。给别人留有余地，他一定会感激你、协助你，这也就等于给了自己一次成功的机会。

第9味　放下：岁岁枝头杨柳青，不问人间沉浮心

我们紧紧握住手里的沙，沙慢慢地漏掉，我们把沙放在沙地里，沙越来越多。很多时候，最美的一个动作不是拿起来，而是放下。沙本来就属于沙地，握在我们手里，握的越紧，失去的越多。当我们坦然放下时，沙找到自己的归属，我们也会看到属于自己的领地。

把不需要的都扔掉

有个农夫步行去一个从未到过的村庄，走了很久之后，他突然发现想要到达那座村庄，还要经过一条河流，如果不渡河的话就得爬过一座高山。

怎么办呢？是渡过这条湍急的河流，还是辛苦地爬过高山？

在农夫陷入两难之时，他突然看见附近有棵大树，农夫灵机一动，他用随身携带的斧头，把大树砍下，将树干慢慢地砍凿成一个简易的独木舟，并用造独木舟的边角料为自己做了一个船桨。农夫很高兴，也很佩服自己的聪明，他轻松地坐着自造的独木舟达了对岸。

上岸后，农夫又要继续往前走，可是觉得这个独木舟帮了自己的大忙，而且融合了自己的智慧和辛勤的劳动，如果就这样抛弃了，实在很可惜！万一前面再遇到河流的话，自己也可以不用再花力气去重新造船。于是，农夫就决定背着独木舟上路，以备不时之需。

虽然农夫身体强壮，但是独木舟太重了，没过多久他就累得满头大汗，他只好边走边休息，就这样停停走走，最后才艰难地到达了目的地。

可惜的是，后面的路中农夫没有再遇到河流，他背着独木舟上路，整整多花了三倍的时间。

不需要了就扔掉。两千多年前，苏格拉底在熙熙攘攘的雅典集市上，看到许多奢侈品摊开出售的时候，他不禁叹道："这个世界有多少东西是我不需要的!”

独木舟是农夫劳动的成果，而且农夫又担心后面的途中可能还用得到，就选择背着独木舟上路。可惜，独木舟在后面的路途中没有发挥任何作用，那条被他当成宝贝一样的独木舟则成了阻碍他前行的包袱。如果农夫果断地放下独木舟，即便他后来又遇到了河流，重新打造一条船的时间也远远比他背负着独木舟行走的时间要少得多。

每个人来到这个世界上的时候，都背着一个空空的篓子。可是，人们习惯每走一步都要从这世界上捡一样东西放进自己的背篓中，所以就感觉越来越累。只有丢掉不需要的，才有精力珍惜最想呵护的东西，才能够除却繁杂，让自己活得轻松快乐。

一个年轻人从千里迢迢的山上来到海边，想到一个心中的圣地去。他驾一叶轻舟扬帆出海，披恶浪、战狂风。虽经长途跋涉，但还是没能达到自己的目的地。

有一天，他靠岸休息时遇见了一位智者，便悉心求教：“智者，我是那样的执著，那样的意志坚强，长途跋涉的辛苦和疲惫难不住我，各种考验也没能吓倒我。我的鞋子破了；手也受伤了，流血不止；嗓子因为长久的呼喊而沙哑……我已疲惫到了极点，为什么还到不了我心中的目的地?”

智者听完后问他：“你从什么地方来?”

年轻人回答：“我从两千里外的山上来。”

智者看了看他的船后继续问道：“你的船里装的都是什么?”

年轻人说：“它们对我可重要了。第一个箱子里面装的都是我生活必须用到的东西；第二个箱子装的是发表过我演讲的报纸、接受采访的照片以及各种获奖的证书和奖杯；第三个箱子意义深刻，装满了我每一次跌倒时的痛苦，每一次受伤后的哭泣，每一次孤寂时的烦恼；第四个箱子更是无价之宝，那是些沿途获得的珍宝，件件都价值连城……靠着它们，我才能来到这儿。”

智者听完后淡淡一笑：“你那些箱子大约有多重?”

“这我可没有仔细量过。”

“那么，你的力气实在是太大了。你一直是扛着船在赶路吧?”

年轻人很惊讶：“什么，扛了船赶路？它那么沉，我扛得动吗?”

智者这才正色地说道：“你从那么远的地方负了这么一大堆东西来，岂不有力？不就如同扛了船赶路吗？过河时，仅仅是船体本身有用；只有放下船上那些负赘的物品，才能轻松赶路呀。”

年轻人顿悟：是啊，干嘛带着那么多多余的东西呢？于是，他先把第三个箱子丢掉了，顿觉心里像扔掉了重石般轻松。赶了一段路，他又想：“以前的辉煌也并不能说明以后啊!”便扔掉了第二个箱子，船行的又快了一些。继续赶路后，他想：得到智者的至理名言不就是最好的无价之宝吗？所以，年轻人又把千辛万苦得到的珍宝全部扔到了海里。

这时，年轻人发觉船的行进速度达到了从未有过的速度，目的地近在咫尺。上岸后，他的步子也轻快了许多，这才明白，生命原来是可以不必如此沉重的!

德川家康说过：“人生不过是一场带着行李的旅行，我们只能不断向前走。在行走的过程中，要想使旅途轻松而快乐，就要懂得抛弃一些沉重的包袱。”天使之所以能够自由地飞行，是因为她有轻盈的翅膀；一旦系上了黄金，也就不再远翔了。

如果我们希望人生旅程是快乐而轻松的，就尽快放下身上的包袱，丢弃那些多余的负担，丢掉那些旧的恐惧、旧的束缚、旧的创伤，放下任何“不值得”背负的东西。在生活中，我们是否检查过自己有形或无形的“背包”呢？自己的背上扛了多少无价值的、不必要的包袱？又准备还要背负多久？

生命之舟需要轻载，如果行李太多，它将不堪负重，甚至有翻船的危险。卸下不必要的行李，轻装上阵，我们才能更加快速、顺利地到达成功的彼岸。

太重了，就放下

年轻的时候，罗菲是个贪心的女人，不管什么她都追求最好的，拼命地想抓住身边的每一个机会。

有一段时间，她同时拥有十几个广播节目，每天忙得头昏脑涨。事业越做越大，而她的压力也在不断增加。后来，罗菲发现拥有更多不是一种乐趣，反倒是一种负担。那段时间，她心里有一种强烈的不安全感。

结果，不幸真的发生了。她独资经营的传播公司被恶性倒账两千万，而她的母亲也在这个时候因病离开了人世……接二连三的打击把罗菲推进了崩溃的深渊，她甚至想到结束自己的生命。

在她极度沮丧之际，她问朋友：“如果我关掉公司，我还能做什么？”

朋友沉吟了片刻，坚定地告诉她：“你什么都可以做，因为当初你也是从‘零’开始的！背不动就放下吧！”

这句话让罗菲恍然大悟，也让她重新鼓起了勇气：“自己本来就一无所有，既然如此，还有什么可怕的呢?”她顿时释然。

在短短一个月的时间里，她不停地联系客户，最后接到了两笔大业务，让濒临倒闭的公司起死回生。走出了这段人生低谷期，罗菲懂得了什么叫做“人生无常”：自己费尽力气强求的东西，即便勉强得到也是留不住的；反倒一旦放空了，才能聚集更大的能量。

她发现，一个人需要的东西其实很有限，许多附加的东西只是徒增无谓的负担而已。从这段不美好的经历中，罗菲找到了一种新的生活方式——放下。

如何向上，唯有放下。只有放下不必要的东西，人生才会过得更加潇洒。生活在繁杂的大千世界，我们面对着太多的诱惑，心里也积压着数不清的烦恼，这不禁让人感叹活着的辛苦，生存的艰难。然而，这些负重不是与生俱来的，当自己实在背不动的时候，适当的放下是最聪明的选择。

生命之舟需要轻载，当感到生活不堪重负时，就该学会“放下”。不要总是烦恼生活，也不要总以为生活辜负了你什么，其实你跟别人拥有的一样多。倘若人生匆匆几十年总被一个“累”字包围，生命的质量就无从谈起。

一天，一位企业家在办公室晕倒了，他被送到医院进行治疗，医生说，你这是劳累过度的结果，以后必须多休息，尽量放松心情。

但是这位企业家愤怒地说：“公司那么多的工作要我处理，我根本没有一点休息的时间。医生，你知道吗?我每天都要工作得凌晨一点才睡觉，就连一日三餐的时候，我都会尽量地减少时间，你如何让我心情放松下来呢!”

医生惊讶地说："你难道就不能把你的工作分担给别人一些吗？你的那些员工呢？"

企业家有些不耐烦地回答："那些都是重要的文件，我怎么放心让别人来处理呢，如果他们一不小心处理错误了，我的公司就很难运营下去了。"

思索了片刻，医生说："这样吧，现在我开一个处方给你，你不妨照着做。"说着，他在处方上写着什么，然后递给了企业家。

企业家拿起处方，一字一句地读了起来："无论有多忙，每个星期必须都会抽半天时间到墓地一次，每次散步两小时。"

"去墓地？这是干什么？"

医生面露微笑，说道："我希望你可以四处走一走，看一看那些与世长辞的人的墓碑。你不妨认真地思考一下，那些躺在墓地里的人，他们生前也许与你一样，认为全世界的事都得扛在双肩，可现在他们全都永眠于黄土之中，你或许有一天也会加入他们的行列，但是世上的一切不会因为你的离开而改变什么。我建议你站在墓碑前好好地想一想这些摆在眼前的事实。"

听完医生的话，企业家不由愣住了。之后的一个月，企业家就按照医生的指示，将一部分职责让助手承担，自己开始学着放慢生活的步调，他知道生命的意义不在急躁和焦虑，他的心已经得到平和，也可以说他比以前活得更好，当然事业也蒸蒸日上。

现在，他每周都会和朋友一起去打打高尔夫，或者去爬爬山，朋友们都说他越来越年轻了。

一位英国经理人说过："当我脱下外套的时候，我全部的重担也就一起卸下来了。"生活的意义，不仅仅是为了得到财富、得到地位。真正热爱生命的人，都懂得在工作之余，为自己寻找快乐。

要知道，一个从容的早晨，一顿丰盛的早餐也许就决定了我们一天的心情和工作效率。没有人会觉得，蓬头垢面、饥肠辘辘地赶去上班会是一件很好的事。每天进入办公室前，你应深深地吸一口气，将之前的郁闷彻底吐出。你还可以把眉毛扬一扬，使自己高兴、振作起来后，再走进办公室。

如果你发现自己耳边总是充斥着各种让人烦闷的噪音，每天的神经都绷得紧紧的，那么你就真的应该规划一番自己的生活，你可以多听音乐，让优美的乐曲来化解精神的疲惫。或去旅行，让自己彻底地放松一下了。适当地释放出压力，才能走得更远。

摔倒，是为了下一步走得更好

英国《泰晤士报》前总编辑哈罗德·埃文斯一生中曾经历过无数次失败，其中包括他在80年代中期对《泰晤士报》进行改革的失败。但他却从未在失败中沉沦。对于失败，他曾经说过这样一段话：

“对我来说，一个人是否会在失败中沉沦，主要取决于他是否能够把握自己的失败。每个人或多或少都经历过失败，因而失败是一件十分正常的事情。你想要取得成功，就必得以失败为阶梯。换言之，成功包含着失败。关于失败，我想说的唯一的一句话就是：失败是有价值的。因此，面对失败，正确的做法是：首先要勇于正视失败，找出失败的真正原因，树立战胜失败的信心，然后便忘掉关于过去失败的一切，以坚强的意志鼓励自己一步步走出阴影，走向辉煌。”

本田公司创始人本田在他的传记中就曾这样写道：“我的人生就是失败的连续。”漫漫人生路上，失败可谓是伴随我们全程的“必修课”。第一次学走路，迈出的第一步是摔倒；第一次参加比赛，以没有入围而终；第一次谈恋爱，却以分手告终……

这个世界上没有人不曾失败过，不是一些人，也不是大多数人，而是每一个人都体会过失败的痛苦与挣扎。失败时常有，但人们不能沉沦于失败的打击中一蹶不振，无法自拔。如果不能从失败的痛苦阴影中走出，那么也许将永远没有重新开始奋斗的勇气。

被称为“领导力大师”的沃伦·本尼斯在撰写其最负盛名的著作《领导者》时发现，无论是政府、民间还是非营利领域的领导人，他们都有三四个共同的特性，其中之一便是：每个人都曾犯过严重的错误，然后反败为胜。想来，是失败使他们看清了在通往目标的道路上必须加以征服并超越自我，每一次失败后的重生就是为了最终的胜利而排除了又一个否定的因素。

然而世事茫茫，人与人之间的差距就在于面对失败时的心态。不能忘掉失败，就如同摔倒了不是拍拍尘土继续前行，而是站在原地怨恨眼前的绊脚石，并长久地因为疼痛而不敢再迈步。

曾经震惊世界的“水门事件”是美国历史上最不光彩的政治丑闻之一，它就是美国前总统尼克松在过去失败阴影的纠缠下做出的蠢事。

在1972年竞选连任时，尼克松原本在阅历和声望等方面都远远超出了对手，占据胜利的绝对优势。但由于曾经历过几次刻骨铭心的失败，心里有了很浓重的阴影，使他极度害怕再次出现失败。

在这种潜意识的驱使下，1972年6月17日，为了取得民主党内部竞选策略的情报，以美国共和党尼克松竞选班子的首席安全问题顾问詹姆斯·麦科德为首的五人闯入了位于华盛顿水门大厦的民主党全国委员会办公室；在安装窃听器并偷拍有关文件时，当场被捕。

事发后他又连连阻碍调查，推卸责任，终于在1974年8月8日宣布将于次日辞职，从而成为美国历史上首位辞职的总统。

失败是一件无可奈何的事情，但最不幸的不是失败，而是一味地在失败的回忆中徘徊，莫名其妙地走入厄运的循环，如同身附某种无法摆脱的魔咒。这些人把败局看得很复杂，前思后想，无形中让沉重的心理又一次陷入黑暗。

沃尔玛前CEO戴维·格拉斯在评论沃尔玛创始人山姆·沃尔顿时曾经这样说过：“山姆有件事真的与众不同，那就是他不怕犯错，不怕把事情搞得乱七八糟。到明天早上，他又会转移到新目标上，从不浪费时间去回顾过去。”忽略过去，当做什么也没有发生过，是因为我们内心有着笃定而唯一的目标。我们眼中只有两个点：现在自己所处的位置和最终的那个目的地，如此简单而已。

要记得，正如成功一样，任何一次失败都只是暂时的，不要让过去的无法改变的事影响到我们明天的生活。失败了只要从中认真总结经验教训，尽量避免在今后犯同样的错误，那么未来的辉煌就从来不曾离我们远去。

而只有忘却失败的痛苦，我们才有力量重新鼓起奋斗的勇气。如此，在重新起步的同时，我们便也享受到了最轻松的行进过程。

心无欲念，人才静美

有一刚出家的佛门弟子，平时十分刻苦，终日打坐，想成为禅僧。

他的师父发现后，便问道："你为何要终日打坐？"

弟子答道："我要成为禅僧。"

师父听罢，微微一笑，说："你打坐的目的就是为了成为禅僧吗？"

弟子回答道："是的。您不是经常教导我们说，打坐可以守住最容易迷失的心，可以以清净之心来看待周围的一切事物，最将可以成为禅僧吗？"

师父说："你错了，你心中带有欲望去打坐，如何才能以清净之心来看待周围的一切事物呢？你这样打坐只是在折腾自己的身体，根本不会成为禅僧。"

弟子越听越糊涂，迷惑地望着师父。师父这样说道："要成为禅师并不是让你整日像木头一样地死坐着，而是心情要达到一种极度的宁静状态。你带着目的去参打坐，内心只会散乱，我们的心灵本来就是清净安宁的，你受到了外界的这些物相的迷惑与困扰，便会如同明镜上面蒙上了灰尘一样，最终不仅不能成为禅僧，而且还会在不知不觉中愚昧地迷失了自我。"

心无欲念，人才静美；心多贪念，必成羁绊。就像故事中的小和尚一样，如果你总是带着一定的功利目的去做事情，心最终会被拖累，最终你也极难地达到自己的目标。

我们通常说的“地狱”在哪里呢？其实，它就在于人的内心之中。在茫茫尘世中，人的欲望越多，越难满足，心灵深处的不安和愤怒之火就会越旺盛，最终会将自己推向地狱的深渊。

在现代都市中，我们很容易被太多的欲望牵着走，这些无止境的欲望，使我们的心灵承载了太多的负担，永远没有停歇下来的时候。

惠兰是一个都市白领，高学历，高收入，人长得十分漂亮，身材也很好。每天上班她都会有着不同风格的打扮，时髦得体的她，赢得了周围所有同事的称赞。

在一片赞扬声中，她的虚荣心越发膨胀起来，为了更引人注目，为了讲求品位，她不惜花大笔的钱去购买名贵、时尚的珠宝、名牌服装、高档箱包……她的收入毕竟有限，对时尚物质追求的强烈欲望，已经让她负债累累。

有一次在与朋友聊天的过程中，惠兰说自己其实活得很累，别人看到的只是他一个光鲜亮丽的外表，但是他的内心已经疲惫不堪。她也反省过自己，超负荷地购买名牌物品似乎也没让自己真正开心过，她也想快乐起来，但是，这种欲望却让她欲罢不能。

由于内心的负担过重，原本漂亮的惠兰也变憔悴了许多，对生活失去了乐趣，对工作也丧失了兴趣，时常唉声叹气，人也变得悲观厌世。她甚至不知道自己该如何是好……

哲学家说：“眼睛不要睁得太大，且问，百年以后，哪一样是你的?”只有心灵的快乐与轻松才是生命的真谛，才能让我们生命恒久地拥有。在生活中，我们之所以放不下，就是因为我们心中存有太多的杂念，这些杂念时时刻刻束缚着我们的内心，同时也束缚了我们的生活。

可以试想：如果我们的内心一直处于十分平静的状态，杂念和烦恼自然也就无安身之地，这样我们才能更容易地排除外物的诱惑，才能将事情进展得更为顺利。在生活中，我们一定不要有太多的贪念，这样才不至于生出太多的烦恼，来束缚我们的快乐生活。

智慧的人是能够体悟到万物皆空的道理的，这种万物皆空并不是消极悲观的虚无，而是没有执著，没有牵挂，坦荡磊落的一种心境。

如果我们把生活中的物欲横流看做是镜中花水中月，便会觉得世间也没有什么可求可恋，你的心灵和人生也就没有了所谓的障碍、痛苦和烦恼，你的心灵也就能够达到一种完美清净的境界。

遗憾一直都在

一位长相清秀靓丽的女孩经朋友介绍相亲，她听朋友说，这个男的不但才华横溢，而且英俊帅气。约定见面的那天，女孩早早起床，细细打扮，她想让自己能以最美的形象出现在他的面前，给第一次印象多打点分。

临出门时，女孩老是觉得自己不是脸上粉没扑，就是眉没描翠，数次往返回复，最终出门赶到约定的地点时，男孩已离去。女孩非常恼怒，一边埋怨这个男孩不多等她一会儿，一边自责自己不应耽搁那么长时间。

女孩再次遇到男孩时，男孩身边已有了女朋友，男孩笑着对女孩说：“那天，我应该多等你一会儿。”

其实女孩本没必要画那么长时间的妆，因为男孩喜欢的就是那种清新淡雅，不喜欢浓妆艳抹。为此，女孩时常叹息，但覆水难收，往事难寻，后悔已无益。

人生中经常会遇到许多缘分。不经意间的萍水相逢，却发现也可以给予更多；不经意间的邂逅和错过，也会留下清晰印迹。许多事，想象总比现实更美，相逢如是，离别亦是。当现实情形不再按照理想形态发生发展，遗憾也便产生了。

很多时候，我们总在叹息：唉，当初要是不这样做就好了；唉，当初就应该那样做；唉，当初要是再大胆一些多好……人生一世，花开一季，任何人都想让此生了无遗憾，任何人都想让每一次作出的决定是正确的。可这只是一厢情愿的单纯幻想罢了。

这位女孩大可没必要自责、纠住遗憾不放，因为生命就是在遗憾和后悔中来回往复。错过的一切就如同错过的时光一样，无法找回，人总得面对醒来的一切。人世本无常，岁月流逝恰如梦一场。没有什么事是割舍不下的，也没有什么事是难以忘怀的。记住，以一颗轻松自如的心来面对生活中时常发生的遗憾。

有这样的一件事：一位左臂残缺的少年去练摔跤，他的教练只教他一个动作，并让他天天重复训练这个动作。

他很是不理解，就问教练何时才能让他学习别的动作。

教练没有正面回答，只说了句：“你先努力把这个动作练好。”

后来，在比赛中，他只用这一招连克数敌，最终获得冠军。

他大惑不解，就跑去请教教练，教练回答：“因为对手要破这个动作，唯有抓住对方的左臂。”

失明的贝多芬是遗憾的，可他却谱写出了《第七交响乐》；断臂的维纳斯也是遗憾的，可她所呈现出的美却是令世人惊叹的。遗憾有时也是一种优点，请用别样的心情去挖掘美丽，挖掘未来。

生命就像是一次单程的旅行，需要你义无反顾地向前走，不要遗憾，不要抱怨，因为这是一条单行道。一路走过，我们会发现，原来我们遗弃了许多。就如在列车上，看着左边，遗憾右边。

遗憾在生命中总是不断发生，人生也正是由于各种遗憾才变得精彩纷呈。不过，若是遗憾让你心生烦恼，那就索性忘却，让快乐充满每一天。

放低自己，是一种修养

从前，有一位秀才，甚爱绘画，可是苦于身边没有高人指点，无法增进他的作画水平，于是他便周游四方，寻师学艺。

可是转眼两年过去了，他走了很多地方，也见了很多名师，却始终没有遇到他心目中认可的高人。所以，他感到非常苦恼。

有一天，他正巧路过一座寺院，因为天色已晚，索性也就借宿其中。在与寺院方丈的交谈中，他就把自己的“遭遇”讲给了方丈。

方丈听完后说道：“我非常喜欢茶具，你既然会作画。能不能为我画一幅关于茶具方面的画呢？”

秀才欣然地答应了方丈的请求，在行李中拿出笔墨纸砚，刷刷几笔，很轻松地就画出了一套精美的茶具，特别是画面上方，由茶壶倾泻而下直入茶杯的水柱，简直栩栩如生。

方丈看了看，微笑着说道："不好。"

秀才有点不明白，于是便问："哪里画得不像吗？"

方丈说："像倒是很像，只是位置画错了，如果把茶壶画在下面，把水杯画在上面就对了。"

秀才这时，哈哈大笑，说道："老方丈，你是不是老糊涂了，如果把茶壶放低处，把茶杯放在高处的话，还怎么往茶杯里倒茶水啊？"

老方丈这时很认真地对秀才说："年轻人，你这不是什么都懂嘛。为什么会求不到师父呢？"

放低自己是一种修养。把自己放到低处，能够让我们更为快速地成长，也能让我们找到更多成功的方法。我国民间有句俗语："牛大马大值钱，人架子大了不值钱。"其中的意思就是说爱逞威风、摆架子的人是不讨人喜欢的，只有那些谦虚，并且懂得放低自己的人才会受到人们的欢迎。

我们应该像大海一样，学会放低自己，只有这样我们才能拥有大海般兼收并蓄，汇聚百川的气魄。要知道，一个人的身份和地位不是自己制造出来的，而是被别人支撑起来的。只有把自己放低的人才会得到人们的拥护和支持。

苏碧柔因为工作业绩突出被晋升为分公司总经理，在上任时的欢迎酒会上，苏碧柔既不喝酒又不善辞令，与下属们几乎没有什么交流。

因此，下属们都认为这位新领导高傲不易相处，爱摆官架子。想到这里，大家心里不免都敲起鼓来，觉得以后的日子会很不好过。

苏碧柔正式上任后，下属们都对她敬而远之，在工作上也不是很配合这位新领导，这直接导致苏碧柔的工作陷入了孤立被动的境地。

元旦时，公司举办了一场元旦晚会。在晚会上，苏碧柔出乎意料地献唱了一首歌，赢得了满堂喝彩，苏碧柔这一举动迅速拉近了与下属们的距离。不仅如此，苏碧柔还主动与下属们讨论回家过年的事情。

在热烈的讨论中，有一位下属突然对苏碧柔说："苏经理，平常看您总板着个脸，一副不苟言笑的样子，还以为您是一个爱摆官架子的人呢，现在才发现，原来您挺温和挺平易近人的嘛。"

苏碧柔听了下属的话后，这才恍然大悟，意识到自己这几个月来工作进展之所以如此艰难的原因所在。

从那以后，苏碧柔在工作中非常注意自己的言行举止。与下属见面也不再面无表情，而是微笑着主动与他们打招呼。慢慢地，下属们都看到了这位新领导温和体贴的一面，其往日的官架子也已荡然无存。因此，下属们与苏碧柔的交流也随之多了起来，工作上也开始积极配合她，苏碧柔的工作开展起来也越来越顺利。

此后不久，苏碧柔又组织成立了一个业余文化活动中心，经常召集下属们一起打球、唱歌、做娱乐活动，等等。这为苏碧柔赢得了更多的"民心"，下属们都乐意和她亲近，有事都喜欢跟她谈谈。至此，苏碧柔完成了从过去"高高在上"的形象到如今亲民形象的华丽转身。

在苏碧柔的管理领导下，分公司的业绩蒸蒸日上，因此，苏碧柔也被提拔为总公司的总监。升为总监后，苏碧柔继续贯彻自己的"亲民政策"。

在年底的酒会上，为了让大家释放压力，玩得更尽兴，主持人临时想出了一个恶作剧环节，就是在某个员工不防备的情况下将其抛到游泳池中去。

董事长同意主持人的提议，并征询苏碧柔的意见。苏碧柔听后，并没有立即作出回应，而是转过身对员工说："主持人太坏了，竟然让我这个名副其实的旱鸭子下游泳池游泳，真是……”话还没完，苏碧柔就假装脚下一滑跌进了游泳池，引来在场的员工哈哈大笑。

事后，董事长问起苏碧柔：“你完全可以找一个下属去表演，为什么非得自己这样做呢？”苏碧柔笑着回答道：“如果捉弄下属，而自己却高高在上，摆着一副官架子，那会让下属很不是滋味，也会让自己失去民心。”苏碧柔的话让董事长大有感触，也明白了体恤下属的重要性。

从苏碧柔的经历中，我们不难看出，混迹职场也好，置身生活也罢，爱摆架子都是不受欢迎的。一个人，只有放下架子的时候，才能够正确地认识自己。只有你放下架子，周围的人才可以和你平起平坐。

放下架子，就意味着放弃了许多张扬和卖弄的虚荣表现，放弃了许多假正经的虚伪面孔。把自己放低，懂得内敛与谦和，不仅可以让人暗蓄力量、悄然潜行，在不动声色中成就事业，还可以让自己迅速融入人群，赢得人们的尊重，与人们和谐相处。

不仅如此，把自己放低，是一种贤者的修养，也是一种智者的风度。

在苏联卫国战争初期，德国军队长驱直入。在此生死存亡之际，那些曾在国内战争时期驰骋疆场的老将们，如铁木辛格、弗洛西罗夫、布琼尼等首先挑起了前敌指挥的重担。但是面对新的攻势，这些老将们渐渐感到力不从心了。

时势造英雄，一批青年军事家，如朱可夫、华西列夫斯基、什捷缅科等相继脱颖而出。无疑，这让那些老将军们的思想上有些波动。

1944 年 2 月，苏军元帅铁木辛格受命去波罗的海，协调第一、第二方面军的行动，什捷缅科作为他的参谋长同行。在他们的第一次见面会上，注定了一场不太令人愉快的谈话开始了。

铁木辛格首先发出了一通连珠炮：“总部为什么要派你和我一起去？是想来教育我们这些老头子的吧？还是干脆想来监督我的？白费劲！你们还是小孩子在桌子底下跑的时候，我就已经率领着上万的部队在打仗，为给你们建立苏维埃政权而奋斗了。别以为你是军事学院毕业的就感觉了不起！革命开始的时候，你才几岁？”

这顿教训已经接近于侮辱了，但是什捷缅科却一本正经地老实回答说：“那个时候，我正好刚刚满10岁。”接着他又非常平静地表示了对元帅的尊重。

面对什捷缅科这样的态度，铁木辛格最后只好说：“算了，我的外交家，还是赶紧去做事吧，总之时间会证明我们彼此到底是什么样的人的。”

就这样，他们在一起共事了一个多月时间。

在一次晚间喝茶的时候，铁木辛格突然说：“现在我明白了，你并不是我原来认为的那种人。我曾想你是斯大林专门派来监督我的……”

后来什捷缅科被总部召回时，铁木辛格还很舍不得和他分离。

又过了一个月的时间，铁木辛格亲自向大本营提出要求，要调这个晚辈来和自己共事。

身价，是一个让人既爱又怕的词语。因为拿起它，便能为自己赢来身份上的认同和尊重，但同时也可能招来别人的妒忌或是不屑；而放下它则多数人又心有不甘，似乎自己的成功别人看不到一样。

其实，如果一个人懂得放下身段，反而能大大地提高自己的身价。因为这样更能体现出他的顾全大局、谦虚温和、强而不争、高而不傲的高尚品格。

那些热衷于摆架子的人，总是希望别人对自己敬畏三分，被别人一直捧着、哄着，却不知正是因为这样，自己的人生道路也会越走越窄。放低自己，绝不会使高贵者变得卑微；相反，它能让周围的人对你更加的敬重。

可以毫不夸张地说，能够放下身架的人，都是一个有内涵的人。他们的思考富有高度的弹性，不会唯我独尊，不会视别人为空气。所以，请放低自己吧，让自己回到“普通人”中，做你认为值得做的事，走你认为值得走的路。

放弃，剪辑出最美人生

很久以前，有一位君王要从众多妃子中间选出一位王后。怎么来选呢?

国王的计划是：候选的妃子们均沿着一条河的岸边往前走，在走的过程中注意河边的石子，谁能捡到最大的石子，谁就有资格成为王后。妃子们为了坐上王后的位子，积极行动起来，并下定决心一定要找到最大的那块石子。

在众多妃子中，只有一位走到中途捡了一块就往回返了，而其他的妃子都不停地往前走着，她们看到比较大的石子后，只是看一看，一心想着前面会有更大的石子。于是，就一直走啊走。谁知到后来，石子居然越来越少，个头也越来越小。

故事的结果自然是那位中途捡回石子的妃子坐上了王后的宝座。

这个故事告诉我们，只有适时适当地懂得放弃，懂得转弯，才会实现自己的愿望，否则，就会被幻想和诱惑牢牢抓住，让自己陷入一个不可实现的梦境里去。

如果只一味地向前走不懂得变通，那么你永远不会成功。就算是大力士，在推倒前方无数巨大的石块以后也总会有体力不支的时候。变通一下，绕过眼前的障碍，不是大力士的你，也可以轻松地走到成功的彼岸。

当我们向着曾经的目标迈进的时候，总会有大大小小的障碍出现，但为了实现自己的目标，我们往往选择“一条道走到黑”。

可是，并非所有的愿望都能实现，也不是所有的目的地都能到达。很多时候，我们难免会步入无路可走的困境。这时候，如果还坚持往前走，那么就势必会撞南墙。既然如此，我们何不换一种思维，往前面的路不通了，那往左边和右边的路是不是可以呢？

看看我们周围的人们，很多人由于不懂得有选择地加以放弃，于是白白错过了很多机会，最后只得抱憾终身。许多人就像那些一直往前走的妃子们似的，当机会降临时，总认为更好的机会还在后头，岂不知，就在这种犹豫不决，举棋不定时，已经错失良机。

事实上，在我们的生命旅途中，只有勇于放弃那些空中楼阁般的幻想，我们才能做到脚踏实地；只有放弃那些徒劳无益的等待，我们才能避免虚度光阴；只有放弃那些难以满足的物欲，我们才能保持生命的活力；只有放弃那些不该坚持的错误，我们才能做到拥抱真理。

在一条河的岸边，有几个人在钓鱼，还有几名游客在欣赏风景。这时，有一名垂钓者钓上来一条大鱼，足有一尺半的样子。但是垂钓者却不为所动，他把鱼嘴上的吊钩取了下来，接着做出了一个惊人的举动，他把大鱼扔进了海里。

围观者非常惊讶，他们认为这个垂钓者太贪心了，竟然连这么大的鱼都不要！过了一会，垂钓者钓上来一条一尺的鱼，钓鱼者又把鱼扔了下去。如此再三，垂钓者钓上来一只几寸长的小鱼。旁观者都觉得垂钓者会继续把鱼扔到河里，但这次出乎意料的是，垂钓者把鱼留了下来，放到了鱼篓中。

旁观者表示很不能理解，就问垂钓者为什么。垂钓者解释说："我家里的盘子最大的也没有一尺长，太大的鱼钓上来，就算带回去，盘子也装不下。"

我们都知道有一首传唱已久的歌中有这样一句歌词："该出手时就出手"。在我们的思维习惯中，都喜欢"出手"去获得眼前的利益，而很少有人懂得，在必要的时候，我们应该学会放弃大的诱惑，找到适合自己的小诱惑。

其实，放弃并不意味着失去，而是一种策略，更是一门艺术。我们往往执著的那个"我"并不是那个真我，而只不过是我们自己的一个幻影罢了。如果一个人能够放弃这种对于"我"的执著，该放手时就放手，就会减少很多烦恼，在人生的道路上就能够轻装上阵，去拥抱雨露，阳光，收获幸福和快乐。走向无限的广阔、自由的天地。这样的我们，才是幸福的，快乐的，也是自由的！

既然如此，我们何不从另一个角度来端详我们的人生呢？实际上，人生就像是演戏，每个人都担当着自己的导演，只有那些学会选择和懂得放弃的人，才能创造出精彩的剧目，才能"剪辑"出优美的人生片段。

选择是成功者前进路上的航标，只有量力而行的选择，才会拥有更辉煌的成功；放弃是智者面对生活的明智取舍，只有懂得何时放弃的人，才能够达到如鱼得水的良好状态。

第10味　从容：花自从容开，人间有正道

佛曰“人生于尘土，必归于尘土。”凡尘中的人们，之于宇宙，不过是沧海一粟。渺小的我们，不能度量出人生的长度，更不能随意改变自己的人生。我们所能做到的只是拿出一种气度，一种从容前行的气度，行到水穷处，坐看云起时。

顺其自然是一种智慧

在一座山间的寺庙里，住着一个老和尚和一个小和尚。一个初秋的早上，师徒二人在院子里散步，他们走着走着，突然看见了一块草地，草地上长满了绿油油的草，一片生机盎然。

但是，在这块草地的中间，却出现了一大块枯黄的景象，小和尚看到后，赶忙对师父说："师父，快在这里撒些草籽吧！要不这草地太不好看了。"师父不慌不忙地说："不要着急，随时！"小和尚听后，有点不解。

过了中秋节之后的一天，师父拿出一包草籽对小和尚说："现在你去把这包草籽撒在地上去吧！"小和尚接过草籽，迫不及待地来到寺庙院子里面的那块草地上，可是他刚刚把草籽给洒下，就吹来了一阵风，把他撒在地上的草籽给吹走了不少。小和尚看到后，赶忙跑回去对师父说："师父，大事不好了，草籽大部分都让风吹给走了！"

师父笑着说道："别担心，那些被风吹走的草籽都是瘪的，即使撒下去了也不会发芽的，随性！"

当种子种下后，小和尚每天都来看它们。一天，他看见有几只小鸟正在土里吃种子，于是他赶紧把小鸟给赶走，并惊慌地对跑去对师父说："师父，种下的种子都快被小鸟吃光了！"师父说："不要着急，小鸟是吃不完的，那里一定会长出小草来的，随遇！"

过了一个多星期，小和尚果然看到了嫩绿的草芽，一片生机。

“随时”、“随性”和“随遇”，我们改变不了，就顺其自然吧。不要总去强求那些不属于自己的东西。事实上，生命中有很多东西都是无法强求的，那些刻意去强求的东西，有可能我们终生都不会得到。

《揠苗助长》里面的宋国人，因为违背了自然规律，擅自把禾苗拔高，不仅没有帮助禾苗的生长，反而把禾苗都害死了。可见，如果一味地去强求，只会让我们步履维艰。

命运常常喜欢和我们作对，当你决定挖空心思去追逐一件东西的时候，它总是想方设法捉弄你，不能让你如愿以偿。做人有时候要懂得妥协，学会顺其自然、随遇而安，这样才能在做事的时候，得心应手，一路通畅。

顺其自然是一种智慧，只有那些愚笨的人脑子里才像缠了一团毛线，越想越乱，越乱越想，最把自己给埋在在了自己挖的陷阱里面。

“顺其自然”有积极的一面，也有消极的一面。然而，我们关注更多的却是消极的那一面，从而看不见它积极的另一面。其实，积极的这一面便是让人能够尽其所能而为之。

当然，顺其自然并不意味着对所有事情都听之任之，不是单纯的让所有事情都自然发展，而是在一些事情上不过多地去计较，适时的发挥一下我们的积极主动性。不要太在乎结果，也不要太在乎名利，更不能过分追求这些东西。

很多时候，顺其自然还是另一种选择，这种选择往往更能成就成功，也更能为我们带来快乐。

迪斯尼乐园马上就要完工了，可设计师们正在为园中道路的设计而大伤脑筋。在所有征集来的设计方案里面，没有一个是尽如人意的。

总经理迈克尔先生得知这个情况后，他叫人把所有的空地都给铺上草坪，就这样，在没有道路的情况下开始营业了。过了一段时间后，迈克尔先生从国外考察回来，准备看一看刚刚建成的迪斯尼乐园。

他走在乐园时发现，原本铺满了草坪的地面上面，出现了几条蜿蜒曲折的小径，而这几条小径和周围游乐的景点非常巧妙的地结合在了一起，这让他感到非常高兴。于是赶忙找来负责道路铺设工作的人员，让他们沿着这几条小径铺道。

如此一来，他们不但解决了设计方案问题，而且还得到了游客的赞赏。

这便是顺其自然的妙处，无形之中的美好。迪斯尼总经理迈克尔先生正是认识到了这一点，所以他没有刻意地去强求一套完美的设计方案，而是顺其自然，没想到竟然得到了一份意外的惊喜！

“天行有常，不为尧存，不为桀亡”，生活有着自己的发展规律，不会因为任何人而改变。而顺其自然，往往会起到意想不到的效果。

顺其自然，不是被动的面对生活，不是自视清高的消极避世，而是那种能够洞悉人生的大智慧。所谓的“妥协”处世，便是如此。

那些聪明的人懂得“妥协”的妙处，他们选择顺其自然，随遇而安。因为他们知道尊重自然规律，活在当下。正是由于他们这种随遇而安的处世哲学，常常会在“山重水复疑无路”之际，眼前突然一亮，然后“柳暗花明又一村”。

他们活得轻松豁达，经常会获得意外的惊喜。他们这种乐观的心态，在面对那些不曾期待的美好时，会显得那样从容不迫，进而把握住眼前最美好的事物。

担惊受怕，不如听之任之

瓦伦达是美国一个十分著名的钢索表演艺术家，在他的演艺生涯中，鲜有失误。一次，美国国会晚宴需要请一个人来表演走钢索，此项活动的负责人为保证演出万无一失，就向瓦伦达发出了演出的邀请函。

瓦伦达在接到演出邀请函的时候，心里反复嘀咕着：这次演出到场的全是知名人物，这次一定不能出一点差错，一定要成功，这将是我生平最伟大的一次演出！

为了保证演出的成功，他做足了充分的准备：把每一个动作、每一个细节都想了无数次，不分昼夜地进行练习。

演出的日子终于到了，这天，瓦伦达显得十分自信，没有用保险绳，因为他有100%的把握不会出错。

然而，意外发生了：当他刚刚走到钢索中间，仅仅做了两个难度并不大的动作之后，就从10米高的钢索上摔了下来。

为什么会发生这样的意外？在场的很多人都感到不理解。后来，他的妻子找到了问题的答案，她说："以往他出场前总是想得很少，可这次出场前他不停地对我说，'这次实在是太重要了，亲爱的，我绝对不能失败啊！'"

如果瓦伦达凭自己的技能和经验，可能就不会出现失误了。可由于瓦伦达太想成功，过于患得患失，以至于把他的精力给分散了。心理学家把这种为了达到一种目的总是患得患失的心态命名为“瓦伦达心态”。

每个人都有过这样的经历，我们在做一件事情的时候，越是想着把它做好，可结果往往是做不好，越是想不出差错，却往往越会出差错。要是一个高尔夫选手投球前一再告诫自己：“千万不要把球打到水里!”这时，他的大脑里多半会出现“球掉进水里”的情景，结果可想而知。

反之，许多感觉十分难以完成的任务，心里没有想那么多，以听之任之，顺其自然的心态去做，结果往往做得非常漂亮。

近几年，中国男子足球队的表现差强人意，看他们踢球的时候，对球迷们来说，真是一场折磨。这其中最大的一个因素就是进球太少了，其实他们在门前的机会也是不少的，可就是那关键的临门一脚，总是把球打偏或打到横梁上面去。

事实上，就连不会踢球的人都看得出来，有许多球，他们只需一蹭就能破门，可球却被打到门外面去了，要知道这可比打进门难度“还要大”。

曾有一位足球报的记者这样调侃着说：“当你感觉到往门外实在不好打时就往门里打!”

很多时候，并不是我们的队员水平差，而是“瓦伦达心态”在作怪。他们太想进球，太想立功，太想表现自己了。当他们站在球门前的时候，当他们觉得机会就要来临的时候，他们脑子里踢球以外的信息就会多起来，他们开始计较，开始担心，开始恐惧。

其实，我们根本没有必要去计较这些成败，心无杂念，把球踢好最重要。要知道，一个人的快乐，不是因为他拥有得多，而是因为他计较得少。

计较少的人往往能心想事成，计较的多反而不容易得到。如果整天被欲望塞得满满的，从而身体被压得喘不出气来，试想在这样的重荷之下，又怎么能把事情做好呢？

为个人利益计较得失的事情太多了，爱情的患得患失，人际关系的纷繁复杂，工作里的纷争……几乎每一件事似乎都值得我们去计较。而一旦计较就会陷入“瓦伦达心态”。

所以，在做事情的时候，千万不要忧虑得太多。想到就立刻行动，把反复去思维的逻辑和习惯给打住，这会让事情变得更容易成功。

《红楼梦》中写道：“世人都晓神仙好，唯有功名忘不了！古今将相在何方？荒冢一堆草没了。”无论今生多么辉煌灿烂，我们最后都不过是一处孤坟。所以，抛弃那些成败的忧虑吧。

要知道，害怕失败本身也是一种失败，因为人们总是越怕什么就越会出现什么。所以，与其担惊受怕，不如听之任之。

做一回心淡恬静的“素心人”

年轻的洛克菲勒，在一家石油公司找到了工作。他学历不高，也不会什么技术，他的工作很简单，甚至连小孩儿都能胜任——在生产车库，装满石油的桶罐通过传送带输送至旋转台上，焊接剂从上方自动滴下，沿着盖子滴转一圈，作业就算结束，油罐下线入库。

洛克菲勒的工作就是注视这道工序，查看生产线上的石油罐盖是否自动焊接封好。从清晨到黄昏，他过目几百罐石油，每天如此。很多人都劝说洛克菲勒应该换一个工作，毕竟这份工作太枯燥无味了。

不过，洛克菲勒并不那么想，他每天都认认真真、全心全意地工作，干得不亦说乎。时间长了，他还发现罐子旋转一周，焊接剂共滴落 39 滴，焊接工作即告结束。洛克菲勒开始思考了：是否有什么可以改进的地方？如果能把焊接剂减少一二滴，是不是会节省生产成本呢？

说干便干，一番试验之后，洛克菲勒研制出了一款 37 滴型焊接机，但是该机焊出来的石油罐偶尔会漏油，质量缺乏保障，公司没有肯定洛克菲勒。但洛克菲勒没有灰心，经过再一次的分析研究之后，他又研制出了一款 38 滴型焊接机，这次公司非常满意。

不久，公司大量生产出这种 38 滴型焊接机，虽然只是一滴焊接剂，但每年却为公司节省了 5 亿美元的开支。渐渐地，洛克菲勒成为了这家公司的高管，并成为了美国第一代亿万富翁。

尽管工作相当枯燥无聊，又极其简单，但洛克菲勒没有灰心失望，而是用心做好手头工作。正是因为这种脚踏实地的工作态度，他做出了不俗的成绩，得到了公司的重用。

所谓浮躁，就是心浮气躁。在这个瞬息万变的物质世界中，不少人为外界所影响，出现了浮躁心理。浮躁的表现形式概括起来大致有以下几种：不切实际，好高骛远，这山望着那山高；不思进取，不求有功，但求无过；眼高手低，满脑子打算，无一处良策；急于求成，凡事浅尝辄止，满足于一知半解等。

浮躁就像一个黑洞，无声无息中吞噬着人们的本来宁静的灵魂，是成功、幸福和快乐最大的敌人。它会使人们失去思想上的冷静，失去心理上的平衡，更会使人不再用脑子去思考，而是用眼睛和耳朵去思考，看到什么、听到什么就是什么。这样的人，极端而又片面，又怎会有一个健康的心理，愉快的人生呢?

晓莉是某大型公司的人事专员，在公司工作的4年中，她感觉不到一点快乐，因为同事们都认为她不够宽容，激动易怒，做事手段太强硬，领导们则认为她不够稳重，有些偏激，处理事情不够理智。而这些都源于她浮躁的性格。

在公司内部，当上级部门向她下达工作任务时，她总是一副不在意的样子，但是，她一旦做起来就认为工作太繁琐，开始抱怨领导的不公，同事的不负责任。问题处理到一半就找领导沟通，认为这项工作根本不可能完成，简直就是在难为自己。

当同事跟她一起开展工作时，她总是嫌弃别人动作太慢，效率低下，甚至责骂同事头脑太简单，为此谁都不愿与她一起工作。

对此，她也有自己的理由："我其实也不想把大家搞得那么紧张，但是我就是不能把心静下来。在公司里，我自己从不甘心自己落后，总是想更快更好地完成任务，但结果往往会变得更糟……对此，我也十分苦恼，我感觉工作的压力太大了，头痛、失眠、焦虑经常伴随着我，而且整个人经常会莫名其妙地处于焦躁不安之中，动不动就想发脾气……"

浮躁最易恶化的情绪就是迷茫，因燥生乱，看不清前方的路，很多过来人这样形容：浮躁不可怕，可怕的是浮躁之后的迷茫。迷茫就像伸手不见五指的夜晚，没有一点指引。所以我们一定要学会让自己安静下来，不要在浮躁中越陷越深，否则等迷茫出现，痛苦将更加深烈。

"非淡泊无以明志，非宁静无以致远。"无论是在于事业还是生活中，想要获得成功，我们就必须远离浮躁，让人性回到本真状态，获得一种充实、丰富、自由和纯净，做一回心淡恬静的"素心人"。

已经大学毕业三个月了，杜毅走遍了市区的各个招聘会，总是找不到合适的工作，心里不免着急起来。尤其是看到以前那些不如自己的同学也顺利上班了，他心里的那份煎熬别提有多难受了。

为了摆脱这个尴尬的局面，杜毅不得已先找了一个简单的工作：在一家物流公司担任采购。可是，他总认为自己一个堂堂的本科生，做这个工作很屈才，于是在工作中，总是抱怨这抱怨那，事情自然做不好，很快便被单位辞退了。

没了工作，杜毅的心情更加浮躁了。当时，有一个朋友给他介绍了一家公司，可是他却认为这家单位太小，根本配不上自己。就这样，浑浑噩噩了一年，杜毅依旧没有找到一份合适的工作。

看着同学们工作做得顺风顺水，而且好几个同学已经买了车，这让杜毅的心里更加不平衡：按说这些人当年比我差多了，怎么现在都混得比我强！他越想越气，准备要好好地大干一场，“一夜暴富”、“一举成名”，让大家看看。

杜毅使如何“大干”的呢？一个晚上，他偷偷溜进某个重工业工厂，盗取了一些钢材，从中赚取了三千元。有了第一次的甜头，杜毅开始频繁作案，直到半个月后被埋伏许久的警察逮了个正着。

因为盗劫财物罪，杜毅被法院宣判3年有期徒刑。杜毅是出了名了，但是他却失去了自由，更失去了家人、朋友的信任！在牢狱之中，杜毅留下了痛苦的泪水，后悔不迭：“都怨我太浮躁了！”

浮躁源于苛求太多，想将成功的时间缩短，等不得“一步一个脚印”的人生。脚印踩的不实，人生留下的痕迹也就不深，那人生的价值何在呢？浮躁只会让步伐慌乱，可能还会后退，前进的时间不但没有缩短反而加长了。

“马上动手去做”成了我们处理事情的常用方式，既不认真准备，又无周密计划。遇到烦琐的事情恨不得来个“快刀斩乱麻”，一下子想把问题全部解决，但问题一旦解决不了，就会产生挫败感，让人心神不宁。

深陷浮躁中的人，往往给人一种不沉稳的感觉，不能容忍事情进展过程中出现的变化，容易或喜或悲，不给自己等待的时间，更甚至听不进别人的意见与建议，对提意见或建议的人大发雷霆……自己的神经好像跟上紧的发条一样，绷得紧紧的。内心的不平静让自己迷惘，失去前进的导航！

所以，你要学着舒缓自己的情绪，并在心中静静地默念：慢一点，不必急。同时努力让自己心平气和，放松神经，将棘手的事情化作一幅场景出现在自己的脑海里，设想每一步，给自己时间去做好每一个细节。

同时，要相信，耐心是可以培养的，不要对自己要求过高，也不要过分地苛求他人，理性而积极地认识自己，这样才能让自己作出正确的选择与判断。学着用微笑放慢人生的速度，你将会看到更多的美好。

别在鲜花和掌声中“倒下”

拿破仑成名于1789年法国大革命，期间他积极投入这场革命，曾先后出征意大利、埃及、英、俄、奥等国，凭借着非凡的军事才能与勇气一再创造军事上的辉煌，极大地震撼了欧洲各国的王室。在短短几年内，由一个默默无闻的炮兵上尉跃升为一个率领十数万大军的将领，被推举为法兰西共和国终身执政。

面对这些胜利，拿破仑无比地陶醉、无比地自信，可惜这种无限膨胀的自信使他变成了一个不理性，甚至是荒谬的人物。用他的话来讲：“在我的字典当中是没有‘不’字的”、“我不知道什么是极限，只向往一个世界帝国，世界要求我来统治它。”

在这种心态的引导下，拿破仑不满足于登上法国皇帝的宝座，他还大肆瓜分欧洲领土。而对于拿破仑的侵略行径，欧洲列强当然不会善罢甘休。从 1806 年到 1810 年，共有三次反法同盟组成，随后均告瓦解，但反抗总是不断。直到 1812 年 6 月，拿破仑率领 60 万大军逼进莫斯科，在天寒地冻及俄国正规军与游击队不断骚扰下彻底瓦解了，他只率 2 万 7 千残兵败将退回巴黎，留下“滑铁卢”的败绩。

拿破仑·波拿巴，法国近代资产阶级军事家、政治家、数学家，法兰西第一帝国皇帝，他一生大小征战百余次，大多攻无不破，战无不胜，被称为“奇迹创造者”，生活在鲜花和掌声中，可一生的悲剧也就在于此。

拿破仑一生最大的悲哀是“滑铁卢”败绩，而这正是源于他打了太多的胜仗，享受了太多的鲜花和掌声，陷入盲目自满的泥潭，没有危机意识，有的只是冲击意识，结果变成了一个地地道道的战争赌徒。

在成功面前，人难免会变得浮躁起来，激动起来，这就更需要我们在成功面前，保持一种冷静的心态，寻求心灵的平衡和寂静。不以物喜，从容淡定，冷静再冷静，越成功越冷静，那么将有更大的成功等着我们。

一位知名的企业家经常告诫企业员工：“企业最好的时候，常常是不好的开端；产品最走红的日子，很可能是滞销的开始。此言极富哲理，人也是一样，面对鲜花和掌声的时候，最容易“倒下”。

所谓鲜花和掌声自然是成功的代表，当成功的时候，人难免会开始浮躁起来，激动起来，这就更需要我们在成功面前，保持一种冷静的心态，寻求心灵的平衡和寂静，做到不以物喜，从容淡定。

谢安是东晋名相，自幼聪慧，沉着冷静，举止大方，思维敏捷，20岁即能撰写词赋诗，高谈阔论，并擅长行书，为当时很多名人所推重，名声渐大，后被孝武帝司马曜提拔为中书监、录尚书事，总揽朝政，并可代表皇帝下达命令。

公元383年，前秦王苻坚发兵分道南侵，企图灭晋，军队屯驻淮水、淝水间。当时晋朝以谢安录尚书事，征讨大部督，谢安部署对敌作战的计划，并派弟弟谢石、侄谢玄率军在淝水坚拒苻坚军，苻坚大败，史称淝水之战。

当时，谢安正和客人下围棋，一会儿谢玄从淮水战场上派出的信使到了，谢安看完信，默不作声，又慢慢地下起棋来。客人忍不住了，问他战场上的胜败情况，他这才缓缓地回答说："仗打胜了。"说话间，神色、举动和平时没有两样。

尽管在政治、军事上取得了如此巨大的成就，谢安丝毫没有骄傲自满过，他为人谦逊，扶保晋室，使朝野归于和睦，一举一动都被世人仿效。他在成功面前不慌不忙、沉着冷静的风度真是令人叹服。

冷静是成功的试金石，是成功的必要因素。那些从容淡定之人，定有在成功面前不慌不忙、沉着冷静的特点，也只有这样，他们才能保持自制，并正确地判断局势，作出正确的决定，应变局势，取得更大的成功。

取得了成功，很容易让人自满起来，缺少了继续前行的动力，然后就只停留在一个阶段停步不前。人就怕自满，一旦自满就容易忘乎所以，觉得自己已经高高在上，拥有一切，而停步不前，最终导致的也许只有失败了。

谢安所以能够取得如此巨大的成功，在于他懂得在鲜花和掌声中保持冷静，戒骄戒躁，进而正确认识自己的每个阶段的目标与成功的标准，而这更加有力地促使他去追求成功，最终取得令人艳羡的辉煌。

即使在某个阶段取得成功，当手捧花环、万人簇拥的时候，我们也要冷静再冷静，不要把成功变成自满的资本，不要在掌声和鲜花中“倒下”，越成功越要冷静，继续努力吧，还有更大的成功等着我们呢。

跟着蜗牛去散步

有位年轻人到河边去钓鱼，他的旁边也坐着位垂钓的老人。二人的距离很近，但是，令年轻人奇怪的是，老人家不停地有鱼上钩，而自己一整天都没有什么收获。最终，他终于沉不住气说：“我们两个人用的鱼饵相同，地方一样，为何你却能钓到，而我却一无所获？”

老人很从容地说：“我钓鱼的时候心平气和，忘记了有鱼，所以手不动，眼也不眨，鱼不知道我的存在；而你心里只想着鱼吃你的饵没有，连眼也不停地盯着鱼，见鱼刚上钩就急躁，心情烦乱不安，鱼不让你吓跑才怪。”

生活中的很多既定目标就如河里的鱼，越是急躁，它们越不肯上钩。我们现代人，很多都会产生抑郁。而它产生的原因大都跟生活节奏有密切关系。

第10味 从容

花自从容开，人间有正道

现代社会的生活节奏越来越快，生活方式令人目不暇接，人们每天被一个个的目标逼迫着只会忙着赶路，他们整天奔波不得休息，心灵也得不到放松，越绷越紧。情绪一旦缺乏合适的出口就会郁结。

其实，急躁的心情会更加打乱你的计划，妨碍你的行动。许多人活得很急，风风火火，他们认为生活就是追赶的过程，想要实现理想必须迈开大步，越快越好，结果事情没有做好，还把自己弄得苦不堪言。

难道我们真的让心灵的弦一直紧绷吗？如果，没有舒展的心态，一直马不停蹄的一直赶路，我们又会得到什么呢？

有一个人讲了这样一个故事。

“上帝给我分派了一个任务，让我牵一只蜗牛出去散步。于是，我就照做了。在途中，我尽管走得很慢，蜗牛尽管已经在尽力地爬，可每次总是才能挪动那一点点距离。于是，我开始不停地催促它，吓唬它，责备它。蜗牛也只是用抱歉的眼光看着我，仿佛说自己已经尽力了。我恼怒了，就不停地拉它，扯它，甚至想踢它，蜗牛也只是受着伤，喘着气，卖力地往前爬。

我想：真是太奇怪了，为什么上帝要我牵一只蜗牛去散步呢？于是，我开始仰天望着上帝，天上一片安静。我想，反正上帝都不管它了，我还管它干什么，任由蜗牛慢慢往前爬吧，我想丢下他，独自往前赶路。我就放慢了脚步，想将它放下，静下心来……咦？忽然闻到了花香，原来这边有个花园，我感到微风吹来，原来此刻的风如此温柔……而我以前怎么都没有体会得到呢？

我这才想起来，莫非是我犯了错误了，原来是上帝叫蜗牛牵我来散步的……”

找一个时间像蜗牛一样，过一天慢悠悠的生活，领略那些被忽略的景致，关心身边一直被你疏忽的亲友，你会发现生命如此丰富。生活中一些不起眼的行为可能会让你感到无比的舒适和轻松，比如，像蜗牛一样在田间散步，看看蓝天草地。

哲学家尼采曾经说：“很多的伟大的思想都是在简单的散步中产生的。”你可以试试在某个晚上关掉电脑电视，坐在窗边感受星光和月色或者去小区的公园坐坐，看着孩子们无忧无虑地玩耍……你会发现你烦躁的心会在不知不觉间安静下来，耐心也在不知不觉间增加。

让生活慢一点，让心灵度过一个短暂的假期，只有这样，你才能更多地欣赏沿途风景，感受生命的美好。

不要太把自己当回事

季羡林先生是我国著名学者，他才高八斗，曾是北京大学副校长，被人们奉为“国学大师”、“学界泰斗”，可谓是真正的“国宝”级人物。即便有了这么高的地位，季慕林先生也从不会盛气凌人，反而待人和和气气、谦虚谨慎。

有一年九月，新的学期开始了，大批学子从天南地北赶到北大。这其中，有一个外地的农村学子，他大包小包的东西很多。因为这些行李很沉，所以他不一会儿就累得气喘吁吁，随即他把行李放在路边休息。

为了行动方便，这位新生就想找一个人来帮自己看东西，自己好方便去办理手续。不过看了半天，他发现过来的不是学生就是学生的家长，而且人们都行色匆匆地为报到的事情忙碌，哪里有人有时间帮自己看行李。

正当这位新生不知所措时，路边走来一位老大爷。老大爷走路比较慢，看起来十分悠闲，不像是在赶路的样子。新生一下子看到了希望，于是便叫住了这位老大爷。

“能不能麻烦您帮我照看一下行李，我还需要办理手续，拿着行李实在不方便。”新生向老人家询问道。

“好的，你去忙你的吧！我会一直在这替你看守行李。”老大爷不但爽快地答应了新生的请求，还告诉他办理手续的流程。

当天北大的新生很多，学子办手续花了两个小时。在等待的过程中，学生还一直担心，怕那位老大爷等不耐烦已经走了。可是，他想错了，等他办理完手续后，匆忙赶到放行李的地方，却发现老大爷还在尽职尽责地帮自己看包。

新生非常感动，对老大爷说了很多感谢的话，老大爷谦虚了几句，就笑着走了。

到了第二天开学典礼，这位学子才吃惊地发现，昨天帮自己看包的那个老大爷就坐在主席台，原来他是北大的副校长——季羡林教授。

从此以后，季羡林先生帮助新生看包的故事就传开了，人们更加尊重这位大学者了。

佛学慧语：茶杯只有低于茶壶，才能被注入香茗。活在这个世上，永远不要把自己当回事。不把自己当回事，别人才能真正把你当回事。

季羡林先生是学识渊博、才华横溢的大学者，这样一位大人物能够屈身为学子看守行李，实在令人敬佩。正是这种从容淡定的处世作风以及朴素庄重的伟大人格，使他获得了众人的尊敬。

虽然千人千面，但大家的人格都是平等的，谁也不会比谁高贵多少。

聪明的人懂得这个道理，因此不但知道自己的分量到底有多少，还会收敛锋芒。

汉高祖时期，萧何帮助刘邦打下天下后，又承担丞相一职，为大汉江山的稳定做出了卓越贡献。萧何临死之时，推荐了当年与自己争夺丞相之位的曹参接替自己。

曹参就职后，不但没有因为与萧何有隙而否定萧何在位时制定的各种制度，而且还严格按照以前的制度行事。除此之外，曹参还特意选拔了一批朴实忠厚、拙于言辞的官吏担任丞相属吏，将属吏中贪图声名、喜欢卖弄才能的人辞去。

有了这些尽职尽责、老实忠厚的官吏后，曹参就更加悠闲自在了，更是常在家中大摆筵席，日夜享受美酒。朝中许多大臣见曹参不理政事，便纷纷前来劝说，但还没等他们开口，曹参就已经用美酒堵住了他们的嘴。

平日里，曹参为人宽容大度，不仅能够容纳他人的小过失而且平易近人，以致丞相府中总是歌舞升平、一团和气。

大臣们劝说不管用，皇帝劝说总该管用了吧，但事实却非如此。汉惠帝见曹参不理政务，心想曹参是不是瞧不起他，于是对在朝为官的曹参之子曹窋说："你今天回去后，找机会与你父亲私下闲谈，顺便问你父亲为什么天天饮酒、不理政事，不要说是我让你问的。"

曹窋回去后依照惠帝的交代做了，结果被曹参怒打二百鞭。上朝时，惠帝责问曹参："你为什么要惩处曹窋，是我让他那样说的。"曹参急忙跪下请罪，然后说道："请陛下自省，陛下与高祖相比，谁更加圣明英武?"惠帝答道："朕如何敢与先帝相比!"曹参又问道："依陛下看来，臣和萧何相比，谁更加贤能?"惠帝答道："您好像不如萧何。"听完惠帝的评论后，曹参从容说道："陛下所言甚是。既然高祖和萧何平定了天下，明确了法令，陛下只管安坐皇位，臣等只管奉公守职不就可以了吗?”惠帝听后豁然开朗，不再追究曹参的责任。

之后，曹参虽然只做了三年的丞相，却受到了百姓们的称赞，萧规曹随也被后人传为了美谈。曹参虽然与萧何有嫌隙，但曹参并没有因此而否定萧何的能力。尽管他做了丞相，却从来不敢把自己与萧何相比，正因为他有这种自知之明，才能轻松淡定地达到无为而治。

生活在同一片蓝天下的人，有一定的差异性，有的人穷困潦倒，有的人富甲一方；有的人学识渊博，有的人目不识丁；有的人伶牙俐齿，有的人木讷愚钝……聪明的人看透了这个变化莫测的世道，就像曹参一样轻松自在地有所为。

因为懂得一个道理，要想守住辉煌，只有把自己不当回事，不张狂、不骄傲，时刻进行自我反省，有自知之明，否则不但不能守住你暂时的成就和辉煌，反而会让你一落千丈，坠入无底深渊。

活在这个世上，永远不要把自己当回事。活得轻松自在一点，学着淡泊悠闲一点，你自会体会生活的美好。

现在，请暂停五分钟

楚晴和雅莉是大学时代的同窗好友，楚晴的才华、人品及家世都好，所以步入社会后，在长辈的提携下，事业一帆风顺，仅用了七年时间就位居某公司的经理，一时间成为社会名人，意气风发不可一世。而雅莉虽有才能，不知是努力不够还是运气较差，几年下来换了几次工作始终不如意。

昔日同学不同风光，雅莉觉得自己是失败的女人，一度陷入了自卑的情绪，她将自己关在房间里谁也不见。“在学校的时候我处处领先楚晴，我现在为什么落后了”“不！我应该还没有失败吧！”……过了几天，雅莉重新出发了，她找了一份与自己专业相近的工作，踏踏实实地做了起来，并努力培养自己的实力。

几年后，楚晴因经营不善，而使公司面临财务危机，只好结束营业，致使多年的努力功亏一篑；而雅莉脚步虽慢，但是采取稳扎稳打，并以其多年累积的经验、实力及资源，获得了施展的空间，而使事业渐入佳境。

生活中有太多的波折，当我们在遇到挫折时，何必要选择“重启”呢？按下“暂停”键，思考一下，也许问题就会迎刃而解。

前中国国家女子排球队主教练陈忠和说过：“在球场上，碰到传手不稳、守备疏忽的情况，我就会叫暂停，以求安定军心，鼓舞士气；遇到阵脚混乱，频频失分时，我也要叫暂停，为的是指导战略，稳定情绪。”

我们总是不甘落后、不甘平庸，总在更新着理想，更新着目标。不断更新的理想和来不及实现的现实间总有一段距离，这让我们觉得落后和恐慌，让我们一刻也无法放松。所以，只有奋力地奔跑、再奋力地追赶。

其实，我们只是把没有的当成理想。因为这种理想，我们必须不断追赶；因为这种理想，我们开始对现在总是不满；因为这种理想，我们现在过得那么不尽如人意。

丽红从参加工作后，就一直是个“拼命三郎”：在杂志社做编辑时，因为大出血而住院。可就在卧床休息的二十天里，她仍然在床上不分日夜地赶稿子。后来在某集团工作时，因为太多的加班熬夜，竟然在副总裁面前汇报工作时当场“失声”。外派工作时，她白天走访市场，晚上熬夜赶写报告，竟然在周一早晨给员工训话时晕倒在众人面前。她要处理太多的突发事件、公关事件，时时应酬，顿顿喝酒，最后竟喝到不能起床，喝到阑尾炎发作还没有时间去做手术。丽红就像在跑步机上行走的人，从来不曾停歇过，总是脚步匆匆、马不停蹄。

终于有一天，生命的传送带还在继续运转，而前进的齿轮却坏了——她彻底崩溃了——同时，也终于有机会停了下来。

在长时间休养的日子里，丽红发现，她离开了原来的杂志社，杂志社照样存在；离开了原集团公司，公司照样在赚钱；离开了那些老下级，他们也各自活得很精彩。现在，就只剩下她自己，没有把自己照顾好，成了朋友关注、家人揪心的对象。

于是，她拿出封存了十几年的私人日记本，写下了这样的话：

“是的，我该停一停了，把背上的包袱放一放，好好地喘一口气。把急行军的步伐放缓一下，去呼吸一下负氧离子，看一看风景。让世上的纷纷扰扰暂时归于平静安宁，让惊乱繁杂的生活从今天开始归于简单平淡……我终于明白，人生的遥控器其实就掌握在自己的手中，在我40岁时，把‘人生遥控器’果断地中止了快进键，按下了暂停键。”

忙碌有时候的确是一种幸福，只要能清醒地知道忙碌的意义；清闲有时候也是一种境界，只要不会为此而麻木。而暂停也不是原地踏步，而是坐下沉思，反省自身。

生活的意义不在于忙碌后的结果，而在于实现梦想的过程。在努力打拼的同时，别忘了学会随时暂停，学会享受生活。或许，幸福的生活正在后面奋力地追赶着我们，只要暂时停一停，它自然就会与我们会合。

人生不是竞争，不必把赚钱当成最大的光荣。暂停一下，不仅能让身体得到休息，更是让心灵得以卸载。也或许，幸福的生活正在后面奋力地追赶着我们呢，只要我们停一停，它就会与我们会合。

人生就像一场旅行，在人生的旅途上，别忘了暂时停下来驻足片刻，欣赏一下路边绽放的美丽，你会发现生活真美。

彩虹，出现在风雨之后

蝴蝶的幼虫是在一个洞口极为狭小的茧中度过的。当它的生命要发生质的飞跃的时候，这个狭小的通道对它来讲无疑是如同鬼门关，那娇嫩的身躯必须要竭尽全力才可以破茧而出。许多幼虫在往外冲杀的时候力竭身亡，不幸成为了飞翔的祭品。

有的人动了恻隐之心，企图将那幼虫的生命通道修得宽阔一些，他用剪刀将茧的洞口剪大一些。这样一来，所有受到帮助而见到天日的蝴蝶都不是真正的飞行精灵——它们无论如何也飞不起来，只能拖着丧失了飞翔功能的双翅在地上笨拙地慢慢爬行！

原来，那“鬼门关”般的狭小茧洞恰恰是帮助蝴蝶幼虫两翼成长的关键所在，穿越的时候，通过用力挤压，血液才能被顺利地输送到蝶翼的组织中去；唯有两翼充血，蝴蝶才能振翅飞翔。人为地将茧洞剪大，蝴蝶的翼翅就没有了充血的机会，爬出来的蝴蝶便永远与飞翔绝缘了。

成长的过程恰似蝴蝶破茧的过程，一个人必须首先经历过无数苦难，接受各种考验，意志得到磨炼，力量得到加强，心智得到提高，才能具备百折不挠的性格，获取知识与智慧，才能够有所成就。

“不经历风雨，怎能见彩虹”。对于我们来说，苦难是一把打向坯料的锤，打掉的应是脆弱的铁屑，锻成的将是锋利的钢刀。那些从容淡定、潇洒自信的人们之所以不拒苦难，是因为他们深深地懂得在苦难面前，退却逃跑，只是个无名小辈。

生活永远不会是一条顺通无阻的坦途，在这条道路上，有着无数的艰难险阻。倘若你一遇到苦难就选择了放弃，不再为自己的目标努力了，可能一时比较痛快，但是你永远不可能享受到从容淡定的人生。

一家大公司要招聘5名职员，经过一段时间的面试、笔试，公司从众多名应聘者中选出了5名佼佼者。发榜这天，一个青年见榜上没有自己的名字，悲恸欲绝，回到家中便要服药自尽，幸好亲人及时发现将他救下。

正当青年悲伤之时，突然又得知自己被那家公司录用了。原来，青年面试和笔试的成绩均名列前茅，只是由于那家公司的一台计算机出现了错误，使他的总分成绩减少了30分，才导致落选。

青年大喜过望，但是正当他欣喜地准备正式上班之时，公司又传来消息：他被公司除了名。原因很简单，公司的老板认为：“如此小的挫折都经受不了，这样的人肯定在公司里干不成什么大事。”

一个连风雨都不能经受的人，又怎么可能会享受彩虹真正的美丽呢？所以，花朵们要获得美丽，种子就必先要穿越沉重黑暗的泥土，只有这样才能在阳光下发芽开放；小鸟要飞翔得更高，就必须要经过大起大落，只有失去了无数根羽毛，才能够锤炼出凌空的翅膀；而天上的那道彩虹，无论外表有多么迷人绚烂，也都要经历过风雨之后，才可能呈现出属于自己的美景……

有这样一个故事。

有一个知识渊博的人遇见上帝，他生气地问上帝："我是个博学的人，可是你为什么不给我成名的机会呢？"

上帝无奈地回答："你虽然博学，但样样都只尝试了一点儿，不够深入，用什么去成名呢？"

那个人听后便开始苦练作画，后来虽然画得一手好画但还是没有出名。

他又去问上帝："上帝啊！我已经精通了作画，为什么您还不给我机会让我出名呢？"

上帝摇摇头说："并不是我不给你机会，而是你抓不住机会。我曾暗中帮助你去参加作画比赛，你缺乏信心和勇气，又怎么能怪我呢？"

那人听完上帝的话，又苦练数年，建立了自信心，并且鼓足了勇气去参加比赛。他画得非常出色，却由于裁判的不公正而被别人占去了成名的机会。

那个人心灰意冷地对上帝说："上帝，这一次我已经尽力了，看来上天注定，我不会出名了。"

上帝微笑着对他说："其实你已经快成功了，只需最后一跃。"

"最后一跃？"他瞪大了双眼。

上帝点点头说："你已经得到了成功的入场券——挫折。现在你得到了它，成功便成为挫折给你的礼物。"

这一次那个人牢牢记住了上帝的话，他坚持再坚持，果然最后取得了成功。

在人生的旅途上，顺境或逆境也是重叠的。大凡那些从容淡定、潇洒自信的人，在前进的道路上，往往是先有“山重水复疑无路”的逆境，几经奋斗之后，又迎来了“柳暗花明又一村”的顺境。

诗人泰戈尔曾说过“上天完全是为了坚强我们的意志，才在我们的道路上设下重重的障碍。”许多人之所以伟大，都来自他们能够从容淡定地承受苦难，最好的才干往往是从烈火中冶炼出来的。

钻石愈坚硬，它的光彩也愈炫目，而要将其光彩显示出来所需的琢磨也愈有力。“不经历风雨，怎能见彩虹”“梅花香自苦寒来，宝剑锋从磨砺出”，苦难对我们来说正是这样一种磨炼，能坚定我们的思想，发展我们的精力。

因此，当我们遇到苦难时，想想那些这些小故事，回味其中的道理，就会明白许多，变得不再畏惧，而是把苦难当做人生道路上的一块顽石，用从容淡定的心态，潇洒自信的精神将它焚烧、冶炼成最刚强的钢铁。

平凡，却不平庸

据说，杜鲁门当选总统后不久，有人曾问起他的母亲：“有杜鲁门这样的儿子，您必定感到十分自豪吧。”

杜鲁门的母亲说：“是的，但是我也为我另一个儿子感到骄傲。”

“您的另一个儿子在干什么？”

老人自豪地回答："他现在正在地里刨土豆。"

这真是一位开明睿智的母亲，她不仅为有一个身为国家总统的儿子而自豪，同时也为另一个毫不起眼的在地里挖土豆的儿子而自豪。

其实，生活原本也是这样，没有高低贵贱之分，各有其用武之地，只要不平庸，平凡一样令人自豪。人的一生，可以选择成为平凡的人，因为我们都是凡夫俗子；但绝不可以选择成为平庸的人，因为平庸会磨砺你的活力，夺走你的激情，腐蚀你的斗志，最终让你堕落成为没有灵魂的行尸走肉。

因此，我们要拒绝平凡的平庸，学会成为平凡但不平庸的人，以平凡的心态和不平庸的追求对待不算平凡的生活，终将获得精彩无限的人生。

当代文学界有两个圣徒，一个是海子，一个是路遥。路遥说，我必须在40岁以前完成一桩事业——写一本大书，路遥留下的大书就是《平凡的世界》。

《平凡的世界》是路遥耗尽所有心血推出的长篇力作，它讲述的是一个平凡的人从平凡村庄走向平凡的世界的平凡故事。

《平凡的世界》中的主人公们，生活在黄土高原上一个不起眼的小村庄中，没有惊天动地的厮杀，只是在默默地诉说里倾诉着融融的亲情；没有荡气回肠的情节，只是在那个年代那个环境里娓娓诉说着平凡的世界里平凡的人们平凡而又真诚的海誓山盟。那浓浓的爱、那土地、那父老乡亲、那对人生的追求与希望，看似平凡，其实是最不平凡、最高尚、最圣洁的人间真情。

《平凡的世界》告诉我们：人，无论身份如何、身居何处，无论过着怎样平凡而平淡的生活，只要一颗火热的心在，只要能热爱生活，上帝对他就是平等的。只有在平凡中展现不平庸的处世姿态，才能去做生活的主人，才能将平凡的日子驾驭得精彩无限，毕竟生命对于我们来说只有一次。

生活中有太多的无奈，总是让我们不得不庸俗。可是生活也很有趣，像一盒巧克力，不打开盒子拿一块放进自己嘴里，永远不知道它的味道。

张爱玲对生活的见解更有味道：“生命是一袭华美的袍子，爬满了虱子。”所以，只要你足够自信，你完全可以做平凡生活中不平庸的人。

“春晚”中演“千手观音”的21个舞者，她们听不到音乐的旋律，她们难以掌握舞蹈的节奏，她们无法用声音来交流，她们不能用语言来倾诉内心的感受。

可是，她们一转身，一投足，一抬手，与音乐的配合是那样的和谐，与整体的创意是那样的共鸣。21个残疾姑娘优美动人的舞姿，和着悠扬的丝竹弦音，幻化为一幅幅精美的敦煌壁画。

“千手观音”从西域的丝绸之路走来！从唐玄奘到印度取经的艰难中走来！她们那天使般的微笑，也向人们说明她们是不平庸的。

平凡与平庸是生活的两种状态，两种心境。平凡的人，是机器上的一颗螺丝钉，毫不起眼，但在发挥自己的用处，实现自己的价值；平庸的人，是一颗废弃的螺丝钉，身处机器运转之外，无心也无力参与机器的运作。

大千世界，芸芸众生，出类拔萃的人不过是少数，一夜成名的事例也屈指可数，除此之外，我们大多数人都是凡夫俗子，过着淡泊而毫无波澜的生活。然而平凡不一定代表没有惊天动地的壮举，不一定代表甘于平庸，你完全可以在平凡的生活中，凭着一颗平凡而不平庸的心，执著追求、矢志不渝，朝着理想的方向奔跑，“秀”出自己的精彩。

美国的“成功哲学之父”拿破仑·希尔曾说过：“如果不能成就伟大的事业，那么就以伟大的方式去做渺小的事情。”平凡不是平庸，我们可以功不成名不就，也可无旷世奇才，但绝不可以没有目标，浑浑噩噩地活着。

平凡是一种常态，我们也乐于接受这份平凡，因为接受这份平凡的同时也享受了一份恬淡。但是，别忘记时刻提醒自己，千万不能在平凡中沦为平庸。

第 11 味 | 度己：生活已经够累，何苦为难自己

人生，有时候只是一个淘气的孩子。如果它难为了你，你千万不要难为自己。你要微笑着牵起它的小手，给它宽容，给它淡然，给它从容。当你能够坦然面对它的各种为难时，你要相信，人生前方的路，即使险恶，也会繁花丛生。

没人注意我，真好

一位农夫带着他的小儿子，赶着一头驴到邻村的集市上去卖。

没走多远，就看见不远处有三五个女孩聚在一起，对他们指指点点。一个姑娘大声说：“嘿，快瞧，还有这样的傻瓜，有驴子不骑，宁愿自己走路。”农夫听到这话，立刻让儿子骑上驴，自己高兴地在后面跟着走。

不久，他们又遇见一群老人。只见这些人正在激烈地争执：“喏，你们看见了吗，如今的老人真是可怜。让懒惰的孩子骑着驴，自己都这把岁数了，却在地上走。”农夫听见这话，连忙叫儿子下来，自己骑上去。

走了一半的路程时，路边有一群妇女和孩子，七嘴八舌地对他们喊着：“嘿，你这个狠心的老家伙！怎么能自己骑着驴，让可怜的孩子跟着走呢?”农夫闻声，赶紧叫儿子上来，和他一同骑在驴的背上。

快到市场时，一个城里人对身边的人说道：“哟，瞧这驴多惨啊，竟然驮着两个人，真怀疑这是不是他们自己的驴。”另一个人插嘴说：“哦，谁能想到他们这么骑驴啊！依我看，不如两个人驮着驴子走。”农夫和儿子又急忙跳下来，用绳子捆上驴的四条腿，找了一根棍子把驴抬了起来。

就这样几经更换，这对父子卖力地抬着驴走向集市。在通过闹市入口的小桥时，又引起了桥头上一群人的哄笑。驴子受了惊吓，挣脱了捆绑撒腿就跑，不想却失足落入了河中。

农夫最终又恼怒又羞愧地空手而归。

这样的故事似乎十分可笑。然而，这种任由别人支配自己行为的事情并非只在故事里出现。生活中我们常常因为别人的不满意而烦恼不已，费尽心思迎合每一个人。我们小心翼翼过活，唯恐有一个人不满意，但结果还是会有人不满意。

拥有和谐的人际关系几乎是所有人的愿望。但我们不可能让每一个人都满意，不可能让每一个人都对我们展露笑容。世界之大社会之杂，各人的价值观念都不同，每个人的利益也非一致，要想做到面面俱到是不可能的。

所以，当众口难调时，别忙着改变自己，附和他人的口味。重要的是，要活得认真，做得真实。要知道自己的路，明辨所追求的目标，笃定踏实地走好每一步。只有按照事情发展的本来面目，简简单单走好自己的路，才能爽爽朗朗收获自己的快乐。

二十年前，她在北京的一所大学里上学，经常会有人从她身边走过时，忍不住说："这女孩好胖，真丑！"大部分日子里，她都不敢和同班同学说话，因为她疑心同学们会嘲笑她，嫌她肥胖的样子太难看。

大学结束的时候，她差点儿毕不了业，不是因为功课太差，而是因为她长得太胖，平时不敢穿裙子，不敢上体育课，甚至也不敢参加体育长跑测试。老师说："只要你跑了，不管多慢，都算你及格。"可她就是不跑，恐惧自己肥胖的身体跑起步来一定非常的愚笨，一定会遭到同学们的嘲笑。

因为害怕引起别人的关注和非议，她永远只穿黑、灰、蓝等沉闷的颜色，根本不敢尝试浅色或者是鲜艳的衣服，直到有一次她在大街上看到一个胖男孩穿一套白色的服装，她觉得非常帅气。突然，她发觉肥胖没有什么大不了，自己过去因为太关注体重居然忽略了很多生活的乐趣，于是她开始将自己的精力更多地投入到书本中，投入到与朋友们的交往中，穿着很鲜艳的衣服，大大方方地与人说笑。

她，现在是中央电视台著名节目的主持人，而且是一个完全依靠才气而丝毫没有凭借外貌走上中央电视台主持人岗位的，她的名字叫张越。谈及自己的肥胖，张越慷慨陈词："胖怎么啦，胖自己的，又不碍别人的事。"

无论是在哪种场合，我们都不必活在别人的目光中，处处担心别人怎么想自己，看待自己，而应该经常对自己说："哦，没有人注意我，真好!"当你懂得了这种淡然从容，你就会活出真正的自我。

"胖怎么啦，我胖自己的，又不碍别人的事"，内心淡然而定，任雨打风吹，自若向前。这种自我肯定是相当重要的。除了自己，没有人可以决定我们的路怎么走，你是坚持自己的方式，还是被扼杀在别人的目光下？

有一句话说："20岁时，我们顾虑别人对我们的想法。40岁时，我们不理会别人对我们的想法。60岁时，我们发现别人根本就没有想到我们。"生活本是如此。

所以，我们每个人并无须别人替自己做主。坚持按本色做人做事，笃定地踏踏实实走好每一步就好了。因为大多数人都有自己的事情要做，并没有多少时间把注意力集中在我们身上。

有一句网络谐语："治一种病的药是好药，治多种病的药是止痛片，包治百病的药是假药，药到病除的是毒药。"其实，凡事做到百分之百的"一边倒"，就假了。也就不简单了，就劳神费心了，就不轻松了，也就抑郁沉闷了。

其实，别人的目光纵有千千万，也比不上对自我心灵的诚实。不必太在乎别人的眼光，自己决定自己的生活和认识，如此才能活得更加接近真实的自己，才能演绎出自己的特别，才是泰然自若中的华彩。

所以，我们无论是在哪种场合，都不必活在别人的目光中，处处担心别人怎么想自己，看待自己，而应该经常对自己说："哦，没有人注意我，真好！"当你懂得了这种淡然从容，你就会活出真正的自我。

想哭，就大哭一场

美国圣保罗·雷姆塞医学中心精神病实验室专家认为：人体排出眼泪，可以把体内积蓄的导致忧郁的化学物质清除掉，从而减轻心理压力，保持心情舒坦。眼泪可以缓解人的压抑感。

测试发现，正常人的泪水是咸的，糖尿病人的泪水是甜的，而悲伤时流出的眼泪，含有更多的荷尔蒙等。人们遇到悲伤的事情时，如果能放声痛哭一场，流泪后的心情往往会好受许多，这是由于悲伤引起的毒素，通过眼泪已得到排泄之故。

哭是人们情感的流露，它往往是由于内心感到委屈或精神受到重大刺激。人在不开心时，常得到的劝慰大多是笑一笑，很少有人会劝其哭一哭。哭在人们的脑海中被定格为一种对身体有害的情绪反应，往往被人们视之与不好的事情联系在一起。

实际上，哭是人类常用来排泄悲伤和苦恼最自然的方法。一味地忍，闷在心里时间久了，心中的压抑就会越积越重，精神负担也就越来越大。

所以说哭不是坏事情，它有助于缓解悲伤、苦恼等情绪状态而引起的心理反应。

有人说，哭泣是软弱的表现，男人更是如此。这样的枷锁，让我们压抑了哭泣的本能。当我们任凭痛苦和悲伤啃噬身体的同时，也同时拒绝了一种健康的宣泄模式。哭泣是造物主赐予我们的天生本领，自有它的奥妙所在。

婴儿用哭泣来促进肺的成长，女人也因为比男人更擅哭泣而较男人长寿。总之，人在情绪很不佳时不哭是有害于健康的，哭是人们情绪的正常反应，很多时候哭比笑好，哭对身体健康更有益。

在很久很久以前，有一名身负重伤的士兵从战场上归来后发现他的家园被毁、爱人也背叛了他，迎接他的这一切比战场还要残酷。

他想哭，但是想起自己是战士，于是硬把眼泪忍了回去。大家都跷起了大拇指：男儿有泪不轻弹，你是个真正的英雄。

一天，国王要为女儿举行一次比武招亲大赛，许多人踊跃参加，这位战士也报名参加了。在比武中，他击败了所有敌手，取得了第一名的好成绩。为此，他又负了伤，但他咬紧牙关没有哭，连眼泪都没流一滴。他被带到公主面前时，身上还在流血，满以为公主会把他当成首选，想不到公主却淘汰了他。

公主说道："我怎么可能选一个不会哭的人做我的夫婿？"

士兵反问："哭是弱者的行为，真的勇士是从来不哭的。"

公主说："大错特错，只有坚强的人才会哭，哭维护了他心灵中至纯至美的那一部分。你不会哭，并不说明你坚强和快乐，恰恰相反，它说明你已经衰老和麻木。会哭的人还有希望与爱，而不会哭的人却没有。如果你连哭的勇气都没有，那怎么能说明你是一个真正的勇士呢。不会为自己哭的人，也不会为别人哭；不会为痛苦哭的人，也不会为幸福哭。而一个不会哭的人，跟冷血动物又有什么区别呢?”

“花有五颜六色，人有七情六欲”，喜怒哀乐都是人的一种正常情感表达方式，笑和哭都应该是有感而发，随心所欲的。就像公主所说的，眼泪并不是荒渺的东西，我们没有必要为了假装坚强而回避眼泪。

人在极度痛苦或过于悲痛时，痛哭一场，往往能产生积极的心理效应，可以防止痛苦越陷越深而不能自拔。哭作为一种常见的情绪反应，对人的心理起着一种有效的保护作用，使心中的压抑与委屈得到缓解和发泄，从而减轻精神上的负担。

人应该生活在快乐中，而眼泪能够让人解压，减少暴力冲动，因此，当我们想哭的时候，就哭个痛快。在该哭的时候就要哭，这样才能得到快乐和幸福。

我们的生活不会总是阳光灿烂，一帆风顺，人也总有脆弱、无奈的一面，就像自然界一样，有花开灿烂的时候，就有花落迷茫的时候；有月圆美好的日子，就有月缺寂寞的日子。

所以，无论何种情感变化引起的哭都是机体自然反应的过程，不必克制，尤其是当你心情抑郁时，大声地哭出来，你就会获得一份好心情。既然哭是有益的，那么，想哭就大哭一场吧！

放弃够不到的苹果

某培训公司的讲师在一次演讲中，叙述了自己年少时的一段经历：

一年秋天，我和几个同学帮助老师家里摘苹果。当时，收苹果的商贩就在一旁等着，一个同学提议说搞个摘苹果的比赛，这样既能够提高效率，也能让干活变得有意思。几个人听后觉得很有趣，老师也同意，说一人先包一棵树，到时候谁摘得最多就奖励谁两个大苹果，其余的奖1个，并罚他表演个节目。

大家选定了目标之后，便开始忙活。起初，几个人不分高下，等到低处的苹果摘完之后，我才发现自己落后了。因为我的个子比较矮，高处的苹果够不着。这时候，我突然想到了一个主意，我个子矮，但我身体灵活。于是，我一下子爬到了树上，一会儿的时间就比他们摘得多了。我只顾着往高处爬，想着即将得手的大奖，却忽略了身下那不堪重负的树枝，咔嚓一声，树枝断了，我跌倒在地上。幸好，自己没有受伤。

老师和同学都赶了过来，问我有没有受伤，我甩开他们的手说："没事，我继续比赛！我要得第一。"心里想着别人都超越了自己，我就又往树上爬。这时候，老师坚决不让我再上树，他把所有的同学都叫了过来，语重心长地说："有些苹果，比如最高处的那些，不用你们去摘，到时候我找个梯子过来就行了。你们只要摘自己够得着的就好了！"

在演讲即将结束的时候，他说道："这些年，我一直都没有忘记老师说过的那句话。虽然现在的我也是个有目标、有追求的人，但我比过去更理智了。我知道，盲目地去和别人比较，去追求自己够不着的东西，就会让自己失望。”

有时，痛苦是一个心理陷阱，同样是苹果，为什么一定要摘够不到的那一个？在手边的苹果并不小，并不酸，难道不能摘下来享受吗？没有人要求你一定要摘够不到的苹果，只要把手边的苹果摘好，一样得到大家的称赞。

痛苦有时是一种自苦，完全出自我们心灵的臆想，自己定下不切实际的目标，最后不能完成，这痛苦完全是自找的。当我们还没有实力去摘高处的苹果时，无论多么渴望，都必须学会暂时放弃。

要知道，我们身上已经有足够的苹果了，不用急着摘那些看得到吃不到的。先摘手边的苹果，再制造条件摘更多的苹果，你的收获才是最多的。如果不肯摘低处的果子，又没有能力爬到高处，那就只能两手空空，羡慕那些丰收的人。

我们每个人都很富有，都有很多闪光点，我们往往只盯着别人的某一个优点，将自己的闪光点减弱，让自己变得忧郁，从而忽略了我们本身，也许你羡慕的那人也在用同样的眼光看着你的优点。

每个人都有自己的不足，也有自己力不能及的事情——想要做的事做不到，想要得到的东西得不到，就是痛苦。痛苦的实质，在于对自我的怀疑，甚至否定。所以，我们与其一开始就盯着高处，不断受痛苦折磨，不如感受一点一滴的快乐，有一天水到渠成，想要的苹果就会落在你眼前。

另一个角度的你，精彩极了

从前有一位画家，自小就喜欢画画，但是从来没有把自己的画拿出来让别人欣赏。某天，画家突发奇想，想看看自己画画的水平到底如何，有何不足之处。于是，他拿着自己的画到集市上，并在画的旁边写了一行字："如果你觉得哪里有不足之处，请指出。"

到晚上的时候，画家兴致勃勃地去拿自己的画，当他看到自己画的时候，他惊呆了，上面密密麻麻全是不足的地方。这时候，画家非常伤心：我画为了几十年的画，想不到自己的画有这么多不足的地方，难道我不适合画画？我应该放弃吗？

画家回到家后，依然很不开心，他的妻子见状便关心地问是怎么回事。当他的妻子知道了事情的原委后，笑着对他说："你不妨明天在拿着同样的一幅画再去集市上，但这次你要将那行字改成'如果你觉得哪里画得不错，请指出'相信结果会不同的。"

对于妻子的话，画家半信半疑，但由于自己不甘心，于是就照妻子说的做了。结果，到了晚上，画家看到所有曾被指责为败笔的地方，如今都换上了赞美为妙笔的记号。

画家这才恍然大悟："我发现了一个奥秘，那就是，不管我们干什么，只要使一部分人满意就够了，因为在有些人看来是丑恶的东西，在另一些人的眼里，恰恰是美好的"。

同一幅画，在不同的时间却得到了不同的评价，一个线条，有人说是败笔，有人称为妙笔，每个人的尺子都不同，关键在于，你究竟以谁的标准来评价自己?

我们无法把事情做到完美，一部分人满意的同时，一定会有一部分人不满意。但是，为什么一定要让别人满意呢?自己满意才是最重要的。成功并不依靠别人的评价，而是自己定下目标，并且努力达到了它。

始终在乎别人看法的人很难对自己满意，而总是用自己的缺点对比他人优点的人，更会陷入长期的自卑。其实，你只要换个角度，也许就会发现:“另一个角度的你，简直精彩极了。”

在非洲大草原上，生活着一群凶猛的狮子，其中有一头狮子野心勃勃，在很小的时候就立志要成为一头完美的狮子。但是，当它慢慢长大后，发现自己虽然被称为兽中之王，但是却有一个很致命的缺点，那就是在长跑中总会输给羚羊。

对此，这头狮子认为羚羊之所以能够跑得迅速，“逃之夭夭”，就是因为它们长期吃草的缘故。于是，这头狮子就学着羚羊吃起草来，不久后，狮子就变得非常瘦弱，体力大大下降。

当这头狮子的母亲知道这件事后，就意味深长地对小狮子说:“傻孩子，你知道吗?我们之所以被称为草原之王，并不是因为我们几近完美，更不代表我们没有弱点，而是因为我们懂得突出自己的优点。它是靠突出的观察力、优异的爆发力、锋利的牙齿和准确的扑咬动作，而不是靠追求完美。没有缺点的动物是不存在的。”

此次以后，那头狮子不再将自己的心思放在改变自己的缺点上面，而是努力地去发挥自己的优点，最后成为草原上最优秀的狮子。

大千世界，哪个人不是优点与缺点的综合体，拿自己的缺点比别人的优点，每个人都会变得一无是处。其实我们要做的不是比较，而是寻找自己最突出的特点，并加以发挥，这样的你才是精彩的你。

其实，没有人比你自己更了解你自己，想要得到别人的夸奖，我们先要学会欣赏自己，欣赏自己的独特，欣赏自己的努力，要知道，换一种角度来看，你自己简直精彩极了。

会休息的人，才会工作

李孝利以前是一名国企的庭院设计师，后来，她放弃了这份工作，来到上海做起了零售生意。她经营着各种各样的庭院装饰品，无不高档豪华、精美绝伦，而且式样很多，包括喷泉、工艺雕像、可以给鸟儿提供饮水的石雕，还有让人看得眼花缭乱的装饰草坪的桌椅器具。3年来，她一个星期工作五六天，平均每天工作十二个小时，这样拼命干下来，她的生意经营得越来越红火。

可是人又不是铁打的，这么长期的高度疲劳让她吃不消，她自己也承认，每天除了工作上的事，连考虑个人的事情的时间都没有。她跟其他的零售生意人一样连停下来喝口咖啡的时间都少得可怜，午休时间对她来讲简直是遥不可及，因为一天中最忙的时间正是在中午。

她曾经想过要雇一个帮工，可又觉得花不起钱；要是少费点钱请位小时工来帮忙的话，却又起不到多大的作用，真是左右为难，她只好自己继续忙忙碌碌。有一天，她终于承受不了，就对一个朋友诉苦，说她准备放下手里的生意了。

而她的这位朋友极力向她建议雇用一个零工，一星期里至少用两到三天，在午休前后两到三小时里帮她料理生意。这样，她就可以有足够的时间休息了，还可以利用这空出来的时间查查账目，好好考虑生意该如何做下去。从前，很多纸上的工作，需要在晚上停业后拿回家做，但现在完全可以在这段时间里完成了。

她听取了朋友的建议，雇用了一个零工，刚开始，她有点不安心，担心这个，担心那个。但后来，逐渐学会了放心离开店，找个安静的地方坐下来，让工作了一个上午的疲惫慢慢消失。

在体力和脑力渐渐恢复时让新鲜的想法在清晰的头脑中迸发。

过了段时间，她注意到许多客户在庭院设计上需要她的建议，她的设计天赋相当有市场。不久以后，她又经营起一家庭院设计咨询公司，虽然一周中只营业两三个下午，可生意很是兴旺。庭院设计咨询公司的建立给她带来不少的机会。现在通过咨询业务她可以清楚地了解客户对庭院设计都有什么样的要求，这样就使得店里的装饰品与器具总能迎合人们的口味。不仅如此，现在她有更多的机会出去参观各种各样的庭院，有更多时间置身美景，呼吸新鲜空气的同时她在设计方面的天赋也愈加显露出来。

不用说，这家公司给她带来更多的盈利。如果我们算笔账就能发现，她一小时付给小时工 10 美元，但设计公司和店铺平均每小时的利润比从前增长了 120 美元。

请一个雇工不仅找回了失去很久的午休，而且扩大了的思维空间为她的事业开拓了一片新的天地，这就是懂得休息的作用。

生活中很多人对待自己太不负责任，他们真心地想惩罚自己。他们认为在别人休息的时间里，也拼命地工作，就可以缩短取得成功的时间，比别人更快享受到成功后的幸福生活。其实，一个真正心智成熟的人是不会这样做的。

所以，不管你经营自己的生意还是在公司里任职，我们都必须该休息的时候就休息，如果你因为忙碌的工作，把你该休息的时间都剥夺了的话，那就该想想办法了。要明白，高效率的工作，来源于充沛的精力，而充沛的精力，则需要有充足的休息。

任何一个人若是苦心孤诣地专注于某一件事情，期间没有休息，就难以达到最佳状态。所以，为了提高我们的工作效率，为了我们的身体，我们需要适当地休息。

刘晓高今年26岁，如今年轻的他，在大多数同学还是公司的小职员的时候，却已经是一家外贸公司的销售副总。为了早一天跻身公司的高层，他没日没夜地拼命工作，放弃了一切假日，总是思索如何才能将销售进一步扩大，让自己的地位进一步提升。

有一天，一位员工不到7点便来到单位。这位员工觉得自己肯定是来得最早的了，结果在他推开门时，却发现刘晓高已经坐在办公室里对着电脑。他好奇地问道："刘总，您怎么这么早就来单位了呀？"

刘晓高一脸惨白，有气无力地说："我昨晚就没有回去，一直在这里加班……"

刘晓高的话，让那位员工大吃一惊。他说："刘总，不睡觉很影响健康的，你看你的脸色这么差，就是因为熬夜造成的，您赶紧回家休息吧！"

谁知，刘晓高疲惫地挥了挥手，说道："没关系，我刚才已经在桌子上趴着休息了一会儿。好了，赶紧忙吧，今天还有好多事要做呢！"

这件事很快在公司传开了，刘晓高的上司也找他谈话，在表扬他工作努力的同时，也劝他应该注意休息。谁知，刘晓高却总是说：“没关系的，我年纪轻少睡一会儿问题也不大！让公司发展得越来越好，才是我的目标！”

就这样，刘晓高按着自己的理解干了下去。没过三年，他就因为成绩斐然成为了整个公司的一把手。然而令人没想到的是，就在他走马上任的第三天，他却因为心血管破裂住进了医院。

医生检查后发现，正是因为长期睡眠不足，导致了刘晓高的血压极其不稳定，心脏有着严重的隐患。一旦遇到突发事件，身体就会迅速崩溃。而前个晚上，刘晓高就是因为应酬到了4点，才导致急性病的出现。经过抢救，刘晓高虽然保住了命，但却成了一动也不会动的植物人。

你会经常为了工作，而忘记休息吗？有的人也许会说，我每天加班加点，也没事啊，身体照样好好的。是的，也许你在短时间里，感觉不到身体出了什么状况，但是时间一长，你的身体势必会因为平时没有得到正常的休息，而体质大大地下降。

虽然有些人，也知道，该休息的时候，一定要休息，但是当面对如此多的工作的时候，又有多少人能真正做到呢？许多人搞体育的人都知道，只有坚持有规律的休息，才能有效地保持和增强身体机能，增强机体的耐力，这样才能保持长期胜利。这个道理用在工作上也是一样。

所以，为了我们的未来和自己的身体着想，我们应该在该休息的时候就休息。我们一定要懂得，为了让自己有一个好的未来，但是也要让自己在拥有这个美好的未来的时候，拥有一副可以好好享受的身体。

有人问平时工作任务那么重，能有时间休息吗？其实，我们完全可以在工作一段时间后，出去散散步，或者稍稍打个盹。短短的几分钟的休息，会让你在接下来的工作时间中精神焕发，让你身体的疲惫感消失。

你最近过得如何？不管是你是否在为未来奋斗，我们都必须要告诉你：身体才是革命的本钱，倘若身体垮了，一切都完了，连数钱都数不动了，就算拥有再多的钱又有什么用呢？

不一定要做强者

别的小孩在两三岁时都是白白嫩嫩，但小米却不是，身为女孩的她天生就长得很黑。从小黑黑的小米就属于姥姥不疼舅舅不爱那种，连幼儿园老师看到她都会皱眉，惊讶于这个小丫头怎么能长得这么丑。

单是丑也就罢了，她还不聪明，当别的小孩都会写字时，她连“a、o、e”都念不清楚。从小学到高中，小米每次考试都是中等偏下成绩，老师不待见她，同学们也不爱和她玩。在学校时，小米最讨厌的就是课间操，因为每当课间操结束后，别的同学都三三两两地抱团回教室，只有她一个人孤零零的。为了让同学们不再轻视自己，小米更加用功地学习，别的学生晚上十点之前就睡了，可她却要熬到凌晨一两点钟，熬夜之后，她每天早晨六点钟还会准时起床。

小米把全部心思都放在了学习上，她以为只要自己成绩上去了，同学们自然会对自己刮目相看。但是，尽管小米非常用功地在学习，但她的最好成绩也只是班上的中游水平。因为她只顾着学习而不主动和同学交往，同学们就更加不愿意和她说话，这让小米觉得又自卑又委屈。

她很想把自己心里的苦恼告诉父母，可是父母只会一个劲地教导她要做一个有出息的人，不能给家里的大人丢脸。都说十六七岁是最美好的年华，但小米觉得自己的生命中只有苦涩，她没有办法让自己快乐起来。

强者，多么令人心驰神往的一个称呼，成为强者，势必会受到众人的敬仰和注目。小米之所以不快乐，除了同学们轻视她外，还因为她一直强迫自己成为一个强者。但是，生活是现实的，是残酷的，不是每个人都能成为强者。有些人资质不高，在付出和别人一样的努力后，还是会被众人落在后面，成为被轻视、被看不起的那一个。

有时候，坐在同一桌上听课的两个人，尽管他们读的书一样，用的时间一样，但考试时结果却是一个成绩很好，一个成绩很差。如果你不幸成为那个总是被落在后面的人，别急着为自己委屈，问自己这样一个问题：我必须是个强者吗?

其实，没有谁有权力要求我们一定要是个强者，只要我们努力了，哪怕一辈子平凡，也是值得为自己骄傲的。其实，平凡并不是错，只要在自己能力范围内将事情做好就可以了，没必要非得逼迫自己让人人都喜欢和赞赏，如果太强迫自己，就很难拥有快乐。

小琼的父母就属于典型的“超生游击队”，她上面有一个姐姐，下面有一弟一妹，夹在中间的她一出生就没有几个人待见。因为不待见，小琼考试不及格会被骂，考了前几名没人夸。

不待见就不待见，小琼也不介意，天生反应有点迟钝的她是个大大的乐天派。她帮着父母照顾弟弟和妹妹，有事没事就逗他们开心，以至于弟妹们见到她比见到爸妈还亲。

上小学时，小琼的成绩偶尔还能跳到前十名，上初二后就不行了，经常被物理和化学题弄得头昏脑涨。理科老师都不喜欢她，但是她总是死乞白赖地缠着那几位老师，遇到不懂的题目就缠上去问，尽管成绩还是不行，但能及格，小琼就已经很开心了。

小琼的父母对她说："你这孩子怎么这么没大脑啊，整天傻呵呵的，以后我们老了，还怎么指望你啊。"已经上高中的小琼笑呵呵说道："我是不聪明，但有我一口饭吃，就有你们吃的。我要是考不上大学，就去打工养活你们。"

虽然看上去傻乎乎的，但小琼的人缘很好。起初，同学们都不爱和她玩，但她总是凑过去和大家一起聊天，她特别爱讲笑话，时间长了，喜欢和她交朋友越来越多。朋友们都说，小琼性格随和、开朗，爱帮助人，是个值得信赖的朋友。

其实，所有的轻视都只不过是浮云。在生活中，因为笨、表现不好而被众人轻视的人很多，但被轻视并不代表交不到好朋友，做不出成绩。有一首歌不是这样唱吗：老天爱笨小孩。凡事不要太强求，只要努力就好。笨小孩就该乐观，乐观的人容易知足。

坦然接受平凡不是说要碌碌无为过一辈子，而坦然承认自己的平凡，不强迫自己一定要做个强者，也并不是胸无大志，无论什么时候，无论是谁，都要勤恳地过每一天，绝不能虚度日子。

不一定成为强者，不勉强自己一定要成为什么样的人，但一定要在自己的能力范围内做到最好。这样的你，才会获得充实而精彩。

要有“不计较”的雅量

有一个和尚在寺院里修禅，时日一长，就生了焦躁之心，他对师父说：“师父，我决定去云游四方，提高自己的修为。”

师父说：“我看你长进很大，只要继续在这寺院中，便可精进，又何必云游？”

和尚说：“诸位师兄师弟都比我有慧根，我看他们都到达了一定境界，只有我跟不上他们的觉悟。想来我不适合待在这大乘寺院。”

师父说：“人与人有别，他们修他们的禅，你悟你的法，这又有什么关系？”

和尚说：“他们修禅，就像骏马，一日千里；而弟子却如驽马，即使尽力，也不及他们十之一二。”

师父大笑说：“骏马有骏马的活法，驽马有驽马的好处，个人有个人的缘法，你越是计较，越是耽误自己的修为。我们参禅就是要了悟万物缘法，你为此烦恼，哪里还能参禅！”

与其哀叹自己无能，不如埋头苦干，不是说“驽马十驾，功在不舍”？骏马和驽马都有自己的活法，太过在乎自己与他人的差距，就是自己给自己找烦恼。

有的时候糊涂一点不是坏事，笨一点又何妨？同样在努力，同样在做事，要注意的是自己做到的，而不是他人做到的。用更多的时间达到别人用很少时间达到的事，其实并不丢脸。天资有差距，过程自然会有不同，但结果是一样的，自己得到的成就也是一样的。

不计较是一种雅量，其实人们计较的常常是一些小事，而计较生活中的小事，会落个心胸狭窄气量不够的名声；计较事业上的小事，就会一叶障目不见泰山，耽误了正事；计较感情上的小事，就会以偏概全对人产生偏见，影响两个人的关系。

其实仔细想想，计较所得到的不过是一肚子怨气，失去的却是名声、机会、感情，小事耽误大事。其实不计较就是豁达，一个豁达而积极的人，又有什么事做不成呢？

经济危机到来的时候，史密斯先生焦头烂额，他的工厂出现资金问题，不想倒闭，只能尽快裁员。史密斯先生大笔一挥，半数员工被解雇。

史密斯先生是个暴躁的人，平日对员工动辄训斥，被裁的员工无不对他咬牙切齿，甚至有人和他当面争吵。只有一个人没有对他横眉冷对，这个人就是清洁工人杰克。

当众人都已离开工厂，杰克独自一人擦着机器上的机油，史密斯先生看到这一幕，奇怪地问："你已经被解雇了，为什么还要留在这里干活？"

"解聘书明天才生效，今天我仍是这里的员工，必须完成今天的工作。"杰克说。

"我平日经常对你发脾气，你难道不生气吗？"史密斯先生问。

"先生，你是我的老板，给了我工作，我必须尊敬你。"杰克回答。

半年后，史密斯先生的工厂情况好转，杰克收到工厂的聘书，邀请他回去工作。而半年前和他一样被辞退的员工，则没有得到这个机会，依然为找工作而烦恼。

不计较是一种智慧。人与人的相处常常存着计较。今天你得罪了我，明天我记恨了你，烦烦琐琐，就像念珠一样没有尽头。与其这样煎熬，不如豁达一点，就像故事中的杰克，记得老板的好处，便不会在老板有难的时候落井下石，当然也就能得到老板的尊敬与扶助。

在一件事上，每个人都有不得已，该争的时候就争，不能让的时候寸步不退；但这件事过去以后，相争的人仍然可以做个朋友，欣赏彼此的为人品性，在其他方面合作无间。不必为区区一件事在意，你计较越少，收获就越多。

孔子在东游列国的途中，看到有两个人好像在为了一件事而争得面红耳赤，唾沫横飞。孔子便走上前询问他们在争论什么。

原来，他们的争论是为了一道算术题。高个的说三八二十三，矮个的说三八等于二十四，两人各持己见争论不休，以至于几乎动起手来。

旁边一个人看到实在看不下去了，就叫两人请圣贤做裁判，如果谁的答案正确，那么另外一方就要将自己今天的猎物给胜利者。两人觉得很有道理，就上前请教孔子。

孔子看了看高个子，又看了看矮个子，然后叫认为三八等于二十四的矮个子把猎物给那个讲三八等于二十三的高个子猎人。

高个子拿着猎物走了。这种裁判，矮个子当然不能答应。他气愤地说："三八二十四，这是连小孩子都知道的真理，你是圣人却认为三八等于二十三，看样子你也是徒有虚名啊！"

孔子笑道："你说得没错，三八等于二十四是小孩子都懂的真理，你坚持真理就行了，干嘛非要与一个根本不值得认真对待的人计较呢？"

矮个儿猎人似有所悟，孔子拍拍他的肩膀，说道："那个人虽然得到了你的猎物，但他却得到了一生的糊涂；你失去了猎物，但得到了深刻的教训！"

矮个儿猎人听了孔圣人的话点了点头。

不计较，既代表了一个人的智慧，又代表了一个人的心胸。现实生活中，利害冲突不断，我们置身其中，有时深受其害。这个时候只能告诉自己不要计较太多，徒增烦恼。

以计较的眼光看世界，世界很小，只会盯着别人或者自己那么一点的错误，而忽视了整首“赞美诗”。而真正的聪明的人会主动放下计较，甚至还会让利用常人的计较心理，达成自己的目标。唯有如此做事的人才能做到游刃有余，不被人事所累。

“总为小事伤神的人，他们的一生是短暂的”，生活中，我们把时间浪费在鸡毛蒜皮的小事上，不仅耗费我们的精力，还会破坏我们的情绪，那是非常不值得的。

百岁老人陈椿有这样一句话：“一件事情，如果想通了就是天堂，想不通就是地狱，既然活着，就一定要活好。”不要总是那么猜疑敏感、任意夸大事实；也不要动辄就为了一点小事而着急上火，大动干戈，只有心里放得下了这些，才会拥有一个幸福美满的人生。

倾诉，是对灵魂的释放

一个理发师最近愁眉不展，他是国王专用的理发师，他知道一个惊天的秘密：国王长着一双驴耳朵。他知道如果将这件事告诉第二个人，国王一定会杀了他。

人的心里一旦有秘密就会有倾诉的欲望，理发师没办法，只好在花园里挖了个洞，把这件事告诉那个洞。没想到几年后，那个地方长出一棵树，树上的每片叶子都大叫："国王长了驴耳朵！国王长了驴耳朵！"这下子，全国人都知道了这个秘密。

理发师战战兢兢地去见国王，发誓自己并没有把这件事告诉任何人，国王却说："反正现在全国人都知道了，我倒像是放下了心里的一块石头，仔细想想，我的耳朵的确长了点，但这有什么关系？我仍然是个好国王！"

从此以后，国王和理发师都不再郁闷。

倾诉是对灵魂的释放。理发师知道了一个秘密，他憋在心里成了心病，国王心里也有秘密，直到被人知道才能放下心中重担。人们需要倾诉，不论是寻常百姓还是国王贵族。倾诉能够让人排解心中的不满，还能得到他人的关怀和安慰。

压抑，是一件谁都会遇到的事。一旦压抑过度，太多的矛盾压在心里就成了烦恼，烦恼过重，头脑就不能专一，就会极大地影响办事效率。

心中有压力的时候，情绪就会不稳定，不但影响判断力，还会影响与他人的关系，让他人也承受同样的压力，并为此恼怒。而解除压力的最好方法是发泄。而发泄最好的方法便是倾诉。

倾诉是在为心灵减压，当你和一个值得信任的人将一切说出来，也许你自己就会发现事情没有那么严重，不用别人安慰，你就能走出低谷。

美国内战的时候，林肯总统每日心焦如焚，但他是总统，是一个指挥若定的统帅，不能让部下们看出自己忧心。于是，在人前，他总是一副胸有成竹的模样，在人后，却感到极度苦闷，一肚子的话无法对人说，想要发泄又不能泄露自己的情绪。

终于有一天，林肯知道心里的事再不倾诉就会压垮自己，因此他写信给自己从前的一位老邻居，请他来白宫做客。邻居很快赶到华盛顿，林肯与他进行了一次长达几个小时的谈话。邻居原本以为林肯有事要找自己，但他发现林肯在诉说的时候并不需要他的意见，老人明白，林肯不需要找人商量什么，他只需要一个友善的、值得信任的倾听者。

会谈结束了，林肯露出了轻松的表情，老人知道这一次倾诉，减轻了总统的很多压力。

故事中的林肯对南北战争的局势了若指掌，却仍然需要一个人缓解内心的苦闷。其实，有时候我们倾诉，并不一定需要得到什么建议，其实我们对自己在做什么，如何做下去，会得到什么结果比任何人都清楚。我们需要的仅仅是倾诉一下，减轻自己的压力。

也许我们都需要一个审视自己的机会，倾诉，正为我们提供了这个机会。我国学者说："人人都需要心理医生。"在发达国家，心理医生是一个流行的行业，很多专业有素质的心理医生每天做的不是治病，只是倾听别人的烦恼，而那些来心理诊所的人并不是病人，他们仅仅需要一个倾诉渠道，用以缓解自己的压力。

所以并不是每个人都有病，而是每个人都不应该过分地压抑自己，保持自己的身心健康。觉得累的时候不妨说出来，找点依靠，压力大的时候更要说出来，因为人的承受能力有限。处境矛盾的人最容易疲惫，也最容易有压力，这时候，与其压着自己，不如一吐为快。

但是，记住一定要妥善选择你的倾诉对象，他应该是温和的、友善的、值得信赖的，最好能够有比你更多的阅历。如果实在找不到合适的倾诉对象，你可以试一下和自己说话，自言自语有时也可以是一种快乐。

第 12 味　接受：事不要求全，人要能看破

人生给你苦痛，你说："不要！"人生给你贫穷，你说："不要！"人生给你悲伤，你说："不要！"人生叹息道："亲爱的人们啊，如果都不要的话，那么快乐、富有、幸福也就随之消失了。"很多时候，如果我们不能学会接受，那么我们不仅不会得到，还会失去的更多。

完美，只是一个神话

有一个从小就双目失明的孩子，一直为这一缺陷而备感沮丧。他悲观地认为自己这一双“瞎了的”眼睛从一开始就是不完美的，且再也没有能力扭转。于是，他放弃了任何追求，浑浑噩噩地消度人生。

某日做梦，偶遇一位智者，开导他说：“世上每一个人都是被上帝咬过一口的苹果，都是有缺陷的人。有的人缺陷比较大，是因为上帝特别喜欢他的芬芳。”

盲人突然从梦中惊醒，恍然大悟，心情顿觉开朗起来。从此，他把失明看做是上帝对自己的特殊偏爱，振作奋斗，不断向命运挑战。后来，他成为了一名远近闻名的优秀按摩师，为许多人解除了病痛。他的事迹也被写进了当地的小学课本。

完美只是一个童话，这个世界上所有的缺陷与遗憾都是“被上帝咬过一口的苹果”，这样的比喻是何等的新奇而幽默，又是怎样的善解人意。

人类历史上有太多的天才俊杰都“被上帝咬过一口”：失明的文学家弥尔顿，失聪的大音乐家贝多芬，不会说话的天才小提琴演奏家帕格尼尼。也许，由于上帝的特别喜爱，他们都被狠狠地“咬了一大口”。

俄国作家车尔尼雪夫斯基曾说：“既然太阳上也有黑点，人世间的事情就更不可能没有缺陷。”也就是说，缺陷体现了有血有肉的真实与自然，反倒彰显了事物本身的魅力。

曹雪芹写完《红楼梦》的第一稿后，万没想到竟然不慎遗失，其遗憾之深足以让他悲痛欲绝。不得以，第二稿才得以问世，可最后留下来的也仅仅是前八十回而已。

舒伯特的交响曲《未完成》只有两个乐章，明显不同于一般至少有三到四个乐章的交响曲。后人一再试图续写，却终告失败。值得玩味的是，这“未完成”的曲子在古典音乐史上却比任何“完成”都被认为更接近完美。

抱有完美的幻想，往往容易把简单的问题复杂化。最后只得沮丧、羞愧地承认自己达不到完美的标准，从而因受阻而感到无力与自卑。接受不完美的缺憾，才是客观和唯物的态度。如此，一切顺应规律，回归本初。

我们生活的目的在于发现美、创造美、享受美。紧紧盯着完不成的极限、遥不可及的梦想，最后，只能抓狂在自己的苛求中，备受折磨。

我们应该认识到，一个人若真的达到“完美”了，从某种意义上说，便是一个可怜的人。因为他永远无法体会有所追求、有所希望的感受；也永远无法体会接收到别人带给他一直梦寐以求的东西时的喜悦。

一个男子到一家婚姻介绍所，进了大门以后，迎面就看到两扇小门，一扇门上写着“美丽的”，另一扇写着“不太美丽的”。男人就想，里面一定有许多绝色美女，并不停幻想那些绝色美女的模样，并随后推开“美丽的”门。

推开后，远处又出现两扇门。一扇门上面写着“年轻”的，另一扇写着“不太年轻”的。男人又开始不停地幻想，并不停地向前走，又推开那扇“年轻”的门。

这样一路走下去，男人先后推开了九道门，内心不停地在幻想，并且还累得气喘吁吁，最终当他推开最后一道门时，门上又写着一行字：您还是到天上去找吧！

俗语说：金无足赤，人无完人。事事有缺憾，人人有缺点，世界上没有真正的完美。但是，并不完美的我们，总是想要追求真正的完美。我们讨厌“遗憾”这个词，认为既然选择，就要做到圆满，为什么要留下遗憾？与其遗憾不如不做……

在生活中，我们习惯追求完美，因为追求自我、超越自我是人类与生俱来的天性，也是一个有理想的人想要做到的，我们追求更好的目标，不断完善自我，但是，有时候完美是一个陷阱，掉入其中的人，不但没有达到自己的目标，连原本的目标也在不知不觉中消失。

相传，有个寺院的住持，给寺院里立下了一个特别的规矩：

每到年底，寺里的和尚都要面对住持说两个字。

第一年年底，住持问新和尚心里最想说什么，新和尚说“床硬”。

到了第二年年底，住持又问新和尚心里最想说什么，新和尚说“食劣”。

第三年年底，新和尚没等住持提问，就说“告辞”。

住持望着新和尚的背影自言自语地说：“心中有魔，难成正果。可惜！可惜！”

住持所说的“魔”，就是新和尚心里没完没了的抱怨，现在的一切都是令自己不快乐的。新和尚只考虑自己要什么，却从来没有想过别人给过他什么。哲人说过，世界上最大的悲剧和不幸就是一个人大言不惭地说："没人给过我任何东西。"可悲可叹，这样的人永远不知道什么是幸福，因为幸福早已在追求完美的路上，被他扔到了一边。

以不完美的眼光看待世界的人，就是相对完美的人，因为，追求完美只是一种心理偏执，承认缺陷才是难得的智慧。说的更明了一点，我们自己也不完美，我们做不到十全十美，也做不到在任何方面都比别人强，事事追求完美的结果就是事事做不好。

既然我们自己不完美，怎么能要求他人完美、世界完美呢？对完美抱有幻想，往往在最后沮丧、羞愧地承认自己达不到完美的标准，真正的美只有一个字，不包括那个"完"，有时候，美存在于缺陷中，就像维纳斯的断臂，并不影响她的魅力。

欠一点，才会留恋

40岁时，吉姆·特纳继承了拥有30多亿美元资产的莱斯勒石油公司。

在员工的印象中，他永远都没有紧皱眉头的时候。加勒比海的那次海啸，给公司的油井造成了1亿多美元的损失，而吉姆·特纳在董事会上依然谈笑风生："纵然减去1亿美元，我还是比你们富有十倍，因为我有多于你们十倍的快乐。"他的孩子在车祸中不幸身亡，他说："我有五个孩子，减去一个痛苦，还有四个幸福。"

在刚刚接手拥有巨额资产的石油公司时，人们都以为新上任的总裁会大干一番。然而，吉姆·特纳却组建起一个评估团，对公司资产做了全面盘点：以50年作基数，在资产总额中先减去自己和全家所需、应承担的社会费用，再减去应付的银行利息、公司硬性支出、生产投资等，最终发现还剩8千万美元。他从这笔钱中拿出3千万美元，为家乡建起了一所大学，余下的全部捐给了美国社会福利基金会。

人们对此大惑不解，吉姆·特纳说："这么多的钱对我来说反而成为了一种累赘，减去它就是减去了我生命中的负担。"

一直到85岁，吉姆·特纳才悄然谢世。他在自己的墓碑上留下这样一行字："今生令我最欣慰的，就是用好了人生的减法。"

欠一点，才留恋。一味地追求和索取，最终只会被表面的浮华所拖累。当拥有的超过了所能享受的程度时，就如同鸟翼系上了黄金，举步艰难。而只有在"欠一点"的状态下，才会有所留恋，有所期待，才能充分享受物我和谐、游刃有余的生活。

我们无论是对物质还是精神，都不懈地努力追求、积累，似乎只有用加法营垒起的人生才会富有。其实，失去实质应用意义的富有只会变成一种拥塞和负担。

其实，很多时候并非多多益善。退尽繁华之后，最初的纯真梦想才会重新显现——而这时我们往往发现，人的一生真正需要的东西不过就是亲情、友情、爱情等诸如此类种种，如返璞归真般，简单而又纯粹。只有勇于去冗除繁，才能拥有本真的自我。

生命的意义在于内心的充实，而并非外在的拥有。如果一味地索求无限的物质，最终只能像下面故事里的哥哥一样，困死于自己被裹挟的内心中。

故事的主人公是两个家境贫困的亲兄弟。二人受到天神的恩惠，被告知了一个秘密：在离家不远的东山上，将会在某一天的日出时分出现一个山洞，里面有取之不尽、用之不竭的金银珠宝，可以供他们随意拿取。但同时，兄弟二人还被告知，这个山洞会在日落时分自动闭合，并且永远不会再开。因此，他们必须在日落之前走出山洞，否则就会被永远地困死在里面。

于是，兄弟二人在日出时分人手一个袋子，走进了洞中。不同的是，哥哥拿的袋子要比弟弟的大好几倍。

哥哥见状，还一番好意地提醒弟弟：既然能得到这个恩惠，就说明上天有意眷顾我们。山洞里的财宝任由我取，何不拿个大一点的袋子多装一些。而弟弟也劝哥哥不要太贪婪，更不能忘记最后的神谕：日落之前必须走出山洞。

哥哥对弟弟不领情反而还劝说自己感到很不高兴，便甩开了弟弟，自己一头走进了山洞。

很快，弟弟的小口袋便被装满了，他心满意足地准备出去。临走之前，他还是找到了哥哥劝说他要适可而止，并想拉他一起走。可是，哥哥丝毫不理会弟弟的忠告，还觉得弟弟是有意不想让自己拿到更多的财宝。

看着正在一点一点西落的太阳，弟弟情急之下准备去强拉哥哥。可是，由于哥哥的口袋太大，里面装的财宝太多，无论怎么使劲，弟弟也无法拽动。

眼看着西山顶上落日的最后一丝余晖马上就要消失，弟弟不得不快步跑向洞口。就在弟弟走出山洞的那一刹那，他看到太阳最后一条金边儿彻底落下去了。弟弟痛心地喊了一声“哥哥”，眼睁睁地看着山洞的门口严严实实地合上了。他的哥哥带着满满一大口袋金银珠宝被关在了山

洞里，永远没有出来的机会了。

往往，人们总是羡慕自己没有的，所以便不加选择地疯狂敛取。当我们仍在苦苦追求大量的身外之物时，如果没有得到预期所想，就总是希望得到的多一些、再多一些。然后，当我们拥有更多的时候，烦恼也会成比例的增加。

因为，一旦拥有过多，便一个也不愿意舍弃，这个放不开，那个丢不下。生活中有太多的选择，有选择就有舍弃，所以我们会心酸，会痛苦，总觉得生活不如意。实际上，我们很少想过自己所需要的是什么，又需要多少。

蓦然回首，才发现自己曾经通过辛辛苦苦的努力和一点一滴的积累所拥有的许多东西，其实都不是自己真正所需的，如此便成为人生的冗赘。可是，无论这些冗赘有着多么华丽的外表，我们都不得不予以适度地舍弃。

在整个生命的历程中，对我们真正有益的事情并不是获取更多的物质，而是有选择、有目的地剔除一些多余而繁冗的事物。倒茶不满，画图留白，都是一个度的把握，可见并非多多益善。

欠一点，才留恋。只有在心无旁骛的不急不慢中，才能体现对目标的唯一、对梦想的忠诚，然后，便能有所得，有所获。

快乐就跟在你后面

有一只小猫，不停地绕着自己的尾巴转圈，气喘吁吁地躺在地上。

一只大猫走过，询问它发生了什么事，小猫说：“主人告诉我，假若我可以追到自己的尾巴，我便能永远得到幸福和快乐，所以我才不停地追逐自己的尾巴，以至于精疲力竭。”

大猫叹了一口气说：“我在年轻的时候，也听过主人说过同样的话，所以，当初我也与你一样为了追到自己的尾巴，把自己弄得精疲力竭，而从来没有感到快乐和幸福，后来我放弃了。当我随性生活的时候，才发觉幸福和快乐原来就在后面跟随着我！”

快乐就在跟在你后面。幸福和快乐不是刻意去追求才能得到的，它其实就跟在我们的后面，只要我们细心感受，便能够发现。

在生活中，并非每个人都是幸运的，也并非每个人的每个愿意都能得到满足，得到了这样的还想要那样的，但如果命中无此福，我们又何必去苦苦苛求呢？要知道外表再好不过是皮肉而已，老了还是长满皱纹；财富再多不过是身外之物，死了还是空有躯壳，心灵磨灭了，就什么都不存在了。所以，所以我们要爱护自己的内心世界，不要因为苛求得到太多而故意去折磨自己的心灵。

有一位中年农夫，时常感到生活的枯燥和困苦，便上山找到一位禅师，哭诉道："禅师，几十年了，我一直没有感到生活中有丝毫的快乐——房子太小、孩子太多、妻子性格暴躁……您说我应该怎么办啊?"

禅师想了想，问他："你们家有牛吗?"

"有。"农夫点了点头。

"你回去后，把牛赶进屋子里来饲养。"

虽然农夫有些丈二和尚摸不着头脑，但他很虔诚地听从了禅师的指导。可一个星期后，农夫又来找禅师诉说自己的不幸。

禅师问他："你们家有羊吗?"

农夫说："有。"

"那就把它放到屋子里饲养吧。"

可这些丝毫都没有扭转农夫的苦恼。于是他又找到禅师。禅师问他："你们家有鸡吗?"

"有啊，并且还不是一只呢。"

"那就把你所有的鸡都带进屋子里去养。"

从此以后，农夫的屋子里便有了七八个孩子的哭声、太太的呵斥声、一头牛、两只羊、十多只鸡。三天后，农夫就受不了了。他再度来找禅师，请他帮忙。

"把牛、羊、鸡全都赶到外面去吧!"禅师说。

第二天，农夫来看禅师，兴奋地说："太好了，我家变得又宽又大，还很安静。我感到从未有过的愉快啊!"

事实上，农夫的日子与以前相比没有丝毫的改变，但从此以后他却感到生活中处处充满了乐趣。其实，快乐和幸福一直都跟随着我们，只是我们被太多的烦恼所困扰，而忽略了快乐和幸福的真正意义。

如此看来，我们就要学会经常重新审视一下那些困扰着自己的事情，到底有多少危急的成分是值得我们真正担心焦虑的。不要身陷于眼前的状况，那样很容易就会把事实的本质无限扩大，给自己徒增枷锁。

快乐和烦恼是一对孪生兄弟，就像硬币的两面。选择了烦恼，就只能成为痛苦的奴隶；若翻转一面，即可拥有快乐的翅膀。真正的快乐是一种心境，是一种为营造和保持良好心境而作出的正确选择。

不公平才是公平

一位怀才不遇的青年人向一位智者哭诉自己的经历，他说求职不外乎两个途径：带着文凭走到前门去见陌生人，或者是带着礼物走后门去见熟人，这世道真是太不公平了！

老者听了，笑笑地对他说："什么是公平呢？你把这两个字写下来让我看看。"青年就随手在纸上写下了"公平"两个字并递给智者。

智者接过纸张笑容可掬地说道："你看，这两个字一个用四画就写完了，一个却用了五画，这公平的笔画本身都不公平的，怎么说"公平"是公平的呢？"

"这不公平！"我们计较最多的事，往往可以用这一句话来概括。为什么自己出生在偏远地区，而不是城市里的知识分子家庭？为什么自己大学毕业的时候偏偏赶上国家不再分配工作？为什么自己拼命工作，而老板却把晋升的职位给了一个亲戚？为什么自己成家立业的时候房价较几年前翻了数倍？……

生活中难免会遇到这样或那样的不如意，不要埋怨生活的不公平，要考虑如何更好地去适应生活的不公。唯有适应，我们才能理性地对待自己的生活，才会有机会去改变这种不公平，创造公平。

既然这样，面对生活中不公平的人和事，我们要能做到平心静气，不被它们所牵绊，去思考如何更好地去适应生活的不公，创造公平。正如比尔·盖茨所说："生活是不公平的，你要去适应它。"

高中时期是人生的一大转折点，但就在这关键期，她居然病倒了，而且一躺就是半年，与梦寐以求的大学失之交臂。病好之后，她为了把病中耗费的4年"挣"回来，也为了给并不富裕的家庭省点钱，选择了参加高等教育自学考试。

拿到自考专科毕业证书后，她进入IBM公司，做起了"行政专员"，这种工作与每天打杂无异，什么都干。她不但要负责打扫办公室卫生，还要负责给人端茶倒水，几乎没有人注意她、在意她。

一次，因为没有戴工作证，公司的保安把她挡在了门外，不让她进去。而其他没有佩戴工作证的人却可以自如地进出。她质问保安："别人也没有戴工作证，你为什么让他们进去?"得到的回答却是："他们都是公司白领，你和人家不一样!"

她感觉自己的自尊心被人当众踩在脚下。她看着自己寒酸的衣装、老土的打扮，再看看那些衣着整洁、气质不凡的白领们，她在心里发誓："命运为什么这么不公平？难道我真的只能做端茶倒水的工作吗？不行，我要努力缩小与这些人的差距，今天我以IBM为荣，明天要让IBM以我为荣!"

此后，她利用所有的闲暇时间用来充实自己。由于什么都要从头学起，她每天都是第一个来公司，最后一个离开，还常常熬夜到两三点，有几次居然晕倒在办公室，很快她成为了一名业务代表。而后，通过几年的认真学习和实践锻炼，她的工作能力越来越突出，被任命为IBM公司的中国区总经理，被人誉为“打工皇后”，她就是吴士宏。

通过吴士宏的事例，我们可以明白这样一个道理：如果想改变生活的不公，得到自己理想中的公平，唯一的方法就是像比尔·盖茨所说的那样“去适应它”。

只有用从容淡然的心态去看待生活中的不公平，不被它们所牵绊，并用自己的能力去改造环境，不公平才会慢慢转变成公平。

一个自以为极有才华的人，因为一直得不到重用，所以，他经常愁肠百结，异常苦闷。

有一天，他就大声地质问上帝：“命运为什么对我如此不公？我并不比其他的人差，可偏偏为什么我却不能得到重用？”

上帝听了此话后就沉默不语，只是捡起了一颗不起眼的小石子，并把它扔到乱石堆中。

上帝说：“你试着把我刚才扔掉的那颗石子找出来。”他就翻遍了所有的乱石堆，却没找到。这时候，上帝又向乱石堆里扔了一枚金戒指，然后以同样的方式扔到了那堆乱石堆中。结果，这一次，他却很快就找出了那枚戒指——那枚金光闪闪的戒指。

上帝虽然没有说什么，但是那位秀才却顿时醒悟了：当前的自己还只不过是一颗石子而已，如果自己真是一块金灿灿的金子，就没有理由再抱怨命运的不公平。

当你不停地抱怨“不公”的时候，你为什么不问问自己“我真的是最好的吗？”、“我做的够完美吗？”“我是否像想象中那么优秀？”“问题是不是出在我身上？”只要想到自己的缺点，你的心理就会平衡很多。你会明白，与其埋怨他人不公，不如检讨自己，赶快努力，成为一块金子。

世界上的事本来就不公平，如果用统一标准达到所谓“公平”，总会有一些人满意，有一些人叫苦，有时候“不公平”，反倒是一种“公平”。

心理老师在上课之前拿了一块大大的蛋糕，切成了五零四散的小块后，给班上的每一位同学都分了一块。有的同学拿到了蛋糕，而有的同学却没有拿到；有的同学拿到了一块大的，而有的同学却拿到了极小的一块；有的同学拿到了带有奶油的，而有的同学拿到的是没有奶油的……在这样的情况下，有的同学却向老师提意见了，“老师，您的蛋糕分得太不公平了。”老师却没有及时地回答学生提出的问题，而是让全班的同学都同时思考这个问题。

10分钟后，老师让同学会开始回答。有的学生说：“老师分得是对的，那些平时表现好的同学就应该得到大的蛋糕”，有的说：“有的同学个子小，就应该得到大块的，以多补充营养”，听完学生们的回答，老师笑了。

有一颗公正的心，才能理智地对待纷繁的事务，理解真正的公平不是平均，而是各取所需、各得其所。对待不公平，我们首先要做的不是气愤懊恼，而是保持一份平和的心态，多多检讨自己，多多考虑他人，要想得到“公平”，自己先要“公正”。

其实，人的一生中难免会遇到各种不公平待遇。所以，当我们每次说“生活太不公平了，为什么受伤的总是我”的时候，我们不妨换一下表达方式："生活难免会有不公平，看开就好了。"

其实，不公平的现象是不可能消除的，一味强求公平的机会，是会适得其反的。我们不能因为没有了公平的机会，就举手投降。我们可以争取，也可以消除，但更要在不公平中加强自己的实力，不被这种现象所压垮，然后努力使这个世界看起来公平一点儿。

要知道，只有自身的强大，才不会给所有待我不公的人和事任何可乘之机。当胸怀和天空一样宽阔的时候，还能有什么不公平可以击倒你呢？

让我告诉你，我并不完美

有个女孩的歌声悠扬动听，宛如山间黄鹂鸟的声音。但这个女孩总是不开心，因为她长着一口十分难看的龅牙。

一次，她去参加歌唱比赛，表演时，总是有意识地用手去掩饰自己难看的牙齿。这样，她的表演就变得很滑稽，自然也没有得到好分数。

比赛结束后，一个音乐人找到了这个女孩，真诚地对她说："我相信你会成功的，但是你必须忘掉你的牙齿。"在这位音乐人的鼓励下，女孩的心结慢慢打开了，她不再刻意掩饰自己的一口龅牙，开始忘我的唱歌。

后来，在一次全国大赛中，她以出色的歌声以及极富个性的表演征服在场的所有观众和评委，成为家喻户晓的明星。

这个女孩就是美国著名的歌唱家——卡丝·黛丽，她的龅牙变成了她的招牌特征。心理学家说，完美的人或物，会让人感到可爱，而有缺陷的人或物，会让人感到可信。

勇于承认自己的缺陷，敢于告诉别人“我并不完美”的人，不仅能充分体现自己的人格价值，还会得到众人的追随。

其实，如果一个人或物基本是完美的，但稍有缺陷，就会让人感到既可爱又可信。所以，如果你的自身条件存在缺陷，不需要去刻意掩饰，也不应该太过计较。太过计较自己的缺陷，会让自己更加委屈，并且会失去很多东西。

不要以为自己有缺陷，就会受到别人的嘲笑，就不配拥有鲜花和掌声。在这个实力说话的世界上，真正有实力的人就算有缺陷也会受到追捧。尝试接受自己的缺陷，并大方承认自己的缺陷，你不仅不会受到任何损失，还会让你的形象更加丰满。

你可以想想，一个人如果连自己的缺陷都无法正视，又怎么能将最好的自己展示出来呢。

一天，《巴黎时报》的首席记者在采访拿破仑后，写下一篇人物通讯，通讯中有这样一句：“他矮矮的身材似乎变得高大起来。”

稿子很快送去了通讯组组长那里，组长斟酌良久，提笔将“矮矮”两个字删除，变成“他的身材似乎变得高大起来”。接下来，稿子又送到了报社总编手里，总编同样地斟酌了良久，随后他也删除了几个字，使那句话变成了：“他身材高大”。

稿子见报后，首席记者提出抗议：“你们歪曲了事实！”通讯组长不以为意地说：“文章就是要言简意赅，我帮你把稿子删掉了几个字，使之更加精练，怎么是歪曲事实？”

总编更是理直气壮地说道：“我们根本就没有歪曲事实，我们是正视事实——正视拿破仑是皇帝这个事实！”

不久，拿破仑本人也看到了报纸的通讯，他把那位记者找来，不满地问道：“你怎么把我写成‘身材高大’了？你应该按照我本来的面貌来写！”记者无奈地摇摇头说：“陛下，眼下根本不可能按照您本来的面貌写。”

“那什么时候才可能呢？”拿破仑不解地问道。记者老老实实地回答：“等你下台以后，陛下。”

拿破仑明白了是报社怕得罪自己，才发不实报道，于是诚恳地让记者把稿子改过来。他觉得缺陷就是缺陷，没必要去掩饰。

拿破仑叱咤风云多年不是没有一定原因的。他虽然身材矮小，但是内心确实强大的。如果他做事缩手缩脚，连自己身体特性都不容许别人客观写出来，就不会有那么多自愿追随他的人。当然，不是说有缺陷就是好的。而是说，在个别情况下，有缺憾并不是坏事。

我们每个人都应该用正确的心态看待自己的缺陷，如果是致命的可以纠正的缺点，就一定要积极的改正。在这个世界上没有人是完美的，每个人都会有这样或那样的缺陷，当你对你自己的缺陷感到十分不满或委屈时，千万不要“破罐子破摔”。因为你一旦这样做了，你的生活将会一发不可收拾地颓废下去。

一位哲学家说：“人生的意义不在于拿到一副好牌，而是在于怎么样打好一副烂牌。”就算我们天生在某方面存在缺陷，只要我们勇敢、认真地朝着正确的路走下去，就一定会拥有一个精彩的人生。到那个时候，缺陷所带来的委屈也将烟消云散。

先认识你自己

在拳击界有一个被人们称为“超人”的著名拳击手，他叫阿里。阿里在自己的运动生涯中创造了很多的奇迹，在18年中，他打了61场拳击比赛，其中胜出56场，这个成绩是惊人的。

面对阿里优异的成绩，人们实在找不到更加恰当的词语来形容他，因为比赛场上的他实在太过完美，太令人敬佩了。而阿里也一度被这些赞美声冲昏了头脑，飘飘然起来，自认为真的是人们口中的“超人”。

在一次坐飞机的时候，空姐要求所有人系好自己的安全带，但是阿里却东张西望，迟迟不系安全带。最后空姐走到他的面前：“先生，您好，为了您的安全，请您系好安全带。”这时候，阿里得意地摇摇头：“超人是不需要系安全带的，你去忙你的吧。”这时候，空姐并没有离开，而是平静地笑了笑：“那么，请问先生，超人需要坐飞机吗?”

这时候，阿里才意识到，自己并非“超人”，那只是别人对自己的一种别称罢了。于是乖乖地将安全带系好。从那以后，阿里再也不认为自己是不同凡响的“超人”，虽然自己战绩赫赫，但是自认为自己只是一个普通的民众。

知人者智也，自知者明也。一个人如果能够有自知之明，就能在复杂的人和事面前保持自己独有的明智，不会做出离谱的事。很多时候，我们无法正确地认识自己。就像阿里一样，自认为是超人，最终只能被人所嘲笑。

常言道：“人贵有自知之明。”把人的自知称之为“贵”，可见人是多么不容易自知；把自知称之为“明”，又可见自知是一个人智慧的体现。人之不自知，正如“目不见睫”——人的眼睛可以看见百步以外的东西，却看不见自己的睫毛。

有一位优秀的女教师曾经说了自己的一段经历。

我在很小的时候就开始“做梦”，那时候的我很天真，看着那些受人尊崇的伟人，立志长大后要做一个伟人，像他们一样风光，成为万人瞩目的焦点。

但是，在我上初中的时候，我发现要想做一个伟人并不是一件容易的事情，于是我将目标转移了。那时候我告诉自己，既然做不了伟人，那我可以做伟人的妻子，时刻与伟人相伴也不错啊。于是，我就开始在自己的人生中搜索伟人的踪影，从初中到高中，再到大学，我发现伟人的踪影从未在我的生命中出现过。

于是在大学期间，我放弃了寻找伟人的踪迹，我开始梦想做一名老板，那样就不用给别人打工，也不用受别人的使唤。但是，大学毕业后我才发现，我不仅要面临就业的压力，还面临着专业的选择。

直到我26岁的时候，我才真正地发现，我最适合做一名教师。于是，我毫不犹豫地走进了一所学校，找到了现在的工作，在这里我很开心地度过了20年的时间。

还记得在我面试的时候，面试官问我为何选择教师这个职业，那时候我就说出了自己的经历。其实，人生就是这样，只有认识了自己，才可以找到适合自己的行业，只有在适合自己的行业上，才能够展现自己的价值。

人生如秤，对自己的评价秤轻了容易自卑；秤重了又容易自大；只有秤准了，才能实事求是、恰如其分地感知自我，完善自我。可现实中人们常常会秤重自己，总觉得自己高人一等，办事忽左忽右，不知轻重，而造成不必要的尴尬和悲剧。

当然也有秤轻自己的人，其表现为往往自轻和自贱，多萎靡少进取，总以为自不如人，自惭形秽，而经常处于无限的悲苦之中。苏东坡有诗曰："不识庐山真面目，只缘身在此山中。"自己认知自己往往带有自我喜好、情绪乃至价值观，所以往往容易片面甚至错误。

人都喜爱听好话、奉承话，不自知的人听到好话、奉承话，便会信以为真，飘飘然，觉得自己好伟大，他没有考虑到这些话的背后，说这话的人的目的是什么。

齐威王的相国邹忌长得相貌堂堂，身高八尺，身材魁梧，十分漂亮。与邹忌同住一城的徐公也长得一表人才，是齐国有名的美男子。

一天早晨，邹忌起床后，穿好衣服、戴好帽子，信步走到镜子面前仔细端详全身的装束和自己的模样。他觉得自己长得的确与众不同、高人一等，于是随口问妻子说："你看，我跟城北的徐公比起来，谁更漂亮？"

他的妻子走上前去，一边帮他整理衣襟，一边回答说："您长得多漂亮啊，那徐先生怎么能跟您比呢？"

邹忌心里不大相信，因为住在城北的徐公是大家公认的美男子，自己恐怕还比不上他，所以他又问他的妾，说："我和城北徐公相比，谁漂亮些呢？"

他的妾连忙说："大人您比徐先生漂亮多了，他哪能和大人相比呢？"

第二天，有位客人来访，邹忌陪他坐着聊天，想起昨天的事，就顺便又问客人说："您看我和城北徐公相比，谁漂亮？"客人毫不犹豫地说："徐先生比不上您，您比他漂亮多了。"

邹忌如此做了三次调查，大家一致都认为他比徐公漂亮。可是邹忌是个有头脑的人，并没有就此沾沾自喜，认为自己真的比徐公漂亮。

恰巧过了一天，城北徐公到邹忌家登门拜访。邹忌第一眼就被徐公那气宇轩昂、光彩照人的形象怔住了。两人交谈的时候，邹忌不住地打量着徐公。他自觉自己长得不如徐公。为了证实这一结论，他偷偷从镜子里面看看自己，再调过头来瞧瞧徐公，结果更觉得自己长得比徐公差。

晚上，邹忌躺在床上，反复地思考着这件事。既然自己长得不如徐公，为什么妻妾和那个客人却都说自己比徐公漂亮呢？想到最后，他总算找到了问题的结论。邹忌自言自语地说："原来这些人都是在恭维我啊！妻子说我美，是因为偏爱我；妾说我美，是因为害怕我；客人说我美，是因为有求于我。看起来，我是受了身边人的恭维赞扬而认不清真正的自我了。"

一个人要想真正了解自我，就必须换一个角度看自己。客观地审视自己，跳出自我，观照自身，如同照镜子，不但看正面，也要看反面；不但要看到自身的亮点，更要觉察自身的瑕疵。包括对自己的学识能力、人格品质等进行自我评判，切忌孤芳自赏、妄自尊大。

俗话说，"尺有所短，寸有所长"，每个人身上有缺点，当然也有优点。只有充分认清自己的特长与不足，才能够在工作中取长补短，使自己避免一些不必要的麻烦，让自己更加进步。

著名哲学家亚里士多德曾经说过："对自己的了解不仅仅是困难的事情，而且也是最残酷的事情。"但是如果一个人在不了解自己的情况下去盲目地做事情，结果只能是以失败告终。

所以，在现实生活和工作中，我们一定要抱着一颗平常心，这样才能让自己取得更大的进步，才能在人生的道路上越走越远。

不要太把人生当回事

美国有一部电影叫《遗愿清单》：

两位身份、地位，乃至生活习惯、价值观念截然不同的老人，在同一时间被癌症判定死亡之后，一同写下了一张遗愿清单，并一起周游世界来了却生前遗愿的故事。

在了却意愿的过程中，两个老人终于明白人生最恐怖的不是恐惧死亡，而是恐惧生前留有遗憾。很多人觉得死亡最糟糕的就是来不及说一些话、做一些事，可更糟糕的是，人们总是没有勇气在还来得及做的时候去做，因此才有了莫大的遗憾。

如果是未了的心愿，为什么不现在就做，非得等到临终去遗憾吗？当你将一切都看穿了，就会明白生命的意义究竟是什么，那么到了那时死亡就不足为惧。

死，有什么可怕。人生在世固有一死，不论你是活过千年的松柏还是只能活一天的木槿花。哪怕你存活得再漫长，最终还是要腐朽；哪怕你只存活过一天，只要珍惜了绽放了，那么你的人生就是精彩的，就是没有遗憾的。

自然界是如此，人生亦如此，有生必有死，谁也无法改变。法国大文豪维克多·雨果留下这样一句话：“人，都是迟早要被执行的死缓囚犯。”生与死，是任何人不可逃脱的生者的宿命。

自古以来，人们便诅咒死亡、恐惧死亡，即使是雄才大略的帝王也要想方设法逃避死亡。因为，人最宝贵的就是生命，生命对每个人来说只有一次。然而可悲的是，死亡就像每个人的降生一样，是一种客观的必然的不可回避的现实，任何人都将无一幸免地走向死亡。

其实，人类面对生死都有一定的恐惧，只不过有的人能将它看破，能在生死面前挺住，这样就能让“生”的部分更加安定、沉着和充实，就在一方面弥补了对“死”的遗憾。

要知道，生和死，就像白天和黑天一样平常，就像春夏秋冬四季交替一样，不可更改。当你真正领悟到这一点后，就会学着用一颗慈悲坚强的心去迎生送死，从而看清生命，体验人生的意义。

所以，不要只埋怨自已的多灾多病，多看一看身边横死在你面前的众生。人生下来，就在接受着死亡的挑战，我们直到现在还有幸活着，那么就应该感谢上苍，让我们还能拥有美好而全新的一天。

杜大娘那年70岁。人们常说“人生七十古来稀”，正当儿女们为了杜大娘的七十大寿忙得欢天喜地的时候，老太太却不干了，说什么也不要儿孙们给自己过生日。生日那天，女儿送给他一套红毛衣让她穿上，她却怎么也不穿，并说：“我不信那些事，那都是老迷信，到了该死的时候不还得死吗?”

这句话使得儿女们面面相觑，实在不知道如何是好。更让人纳闷的是，不知为什么，从那以后，老太太整天焦躁不安，茶不思饭不想。有一天，老太太突然召集全家人，要照全家福，照完全家福又和子孙儿女单独照合影。正当大家百思不得其解的时候，老太太说：“养大我的姥姥、姥爷，还有我婆婆都是71岁时去世的，走的时候连个照片都没有留下!”看着老太太逐渐暗淡的眼神，大家这才明白老太太的心病到底是什么了。

在杜大娘的潜意识中，71岁仿佛就是一个过不去的“坎”，而就在那年，她明显感觉到自己体力不足，听力下降，记忆力衰退，这让她产生一种前所未有的恐惧。她不禁私下嘀咕：“我真的不行了吗？难道我真的活不到明年了吗?”

就这样，杜大娘在焦躁不安中走过了71岁，转眼到了72岁，老太太身体明显不适。儿子就带她到医院检查，结果查出患有膀胱癌，而且已经到了晚期。为了给她看病，子女们四处求医，轮流倒班照看老太太。大儿子因为这件事把工作也丢了，再加上高昂的医疗费，杜大娘又想不开了。杜老太太说：“73、84，这是人生两大坎，就算我过了71，也过不了明年这74了啊!”孩子们听了她这丧气话真是又气又心疼。更让孩子们心寒的是，她竟然开始拒绝吃药，一心等死。

老太太在病魔的折磨下，愈发显得苍老，总是一个人躺在床上看着窗外风雨飘零的树叶，在恐惧中等待死亡的到来。

老年人十分容易陷入对死亡的恐惧，这种恐惧伴随着年龄的增长而增加。对死亡该采取什么样的态度，这是人在晚年面临的一场严峻的挑战，也是人生的一个重要课题。其实，有花开就有花谢，有树荣就有树枯。机体日渐衰老的同时，我们也就越来越接近死亡，这是人生不可抗拒的自然规律。

正如谢觉哉老人所说：“我不怕死，如果怕死可以不死或晚死，可以怕，怕死反而猝死，所以我不怕死。”生死是生命过程的始终，没有生就无所谓死，因此，不要把精力投放在忧死之上。与其恐惧死亡，不如反过来珍惜生命，发挥生命的潜能，把有限的生命投入到对社会的奉献中去。

不要太把人生当一回事，人的一生都将幻灭，不论你是富贵的、贫贱的，失意的、得意的，都只不过是幻影罢了，为了这一点幻影而患得患失，忧心忡忡，那么就丢失了生活的本质。不如珍惜活着的每一天，当你将整个生命都看破了，那么你也不枉来世上走一遭。

印度诗人泰戈尔说过：“没有一个人长生不老，也没有一件东西永久存在。”我们应该感恩人的生命，生命之所以有生死轮回的交替，人们才更懂得了珍惜，懂得了珍惜生命，才能把握光阴，活出自己的价值。